本书的出版得到北京印刷学院
编辑出版学国家级特色专业建设经费资助

编辑出版学实训系列教程
朱 宇 主编

图书印制实训教程

Training Course of Book Printing

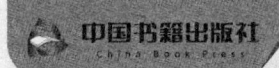

刘吉波 曹永平 周 葛 编著

中国书籍出版社
China Book Press

序 言

聂震宁

祝贺北京印刷学院新闻出版学院又取得了一项教学科研成果——朱宇教授主持编写的编辑出版学实训系列教材第一批7种(《图书编辑与制作实训教程》《图书策划编辑实训教程》《图书印制实训教程》《出版物发行实训教程》《技术编辑实训教程》等),克服了种种困难,终于面世。

编辑出版学实训系列教材的出版,称得上是我国编辑出版专业高等教育一件有意义的事情。其意义自然是多方面的。在我看来,最重要的意义,是丛书编写者们在这套教材编写过程中所坚持的宗旨,那就是:编辑出版学高等教育朝着实用型的目标又迈出了脚踏实地的一步。

编辑出版专业是一门实用型学科,这是从事这一专业教学工作的人士的共识。然而,究竟怎样才能把教学落到编辑出版工作的实用上面,达到实用型人才培养的要求,培养出一批批编辑出版事业欢迎的有用之才,却是一个老大难题。有人为此几乎生出比较悲观的态度，以为出版无学、编辑无学、教学无用。这自然是虚无主义的态度，于事无补。这些年来，高等院校经过努力，陆续输出的专业人才陆续有所作为，就能切实地说明编辑出版学科存在的理由。当然，还有更多的有志之士，则在不断地讨论和实践改进专业教学方法，努力破解老大难题，近一个时期以来，成果渐丰，让我们明显感受到这个专业发展的蓬勃之势。

朱宇教授自然属于此类有志之士。她一直在专业上做着各种探索和努力。她曾参与主编《编辑出版学研究进展》年度专题报告。那是一部重在跟进总结编辑出版学学科研究状况的学科报告，其重视实践的科学态度让我们为之一振。现在，她又主持编辑出版学实训系列教材的编写，直接从实用型教材的编写入手，改造编辑出版学专业的教学基础，努力达到提升实用型专业教学质量的目的，殊为难能可贵。

教材乃是学科教育之本。朱宇教授和她的合作者们，走的是一条务本之路。建设和发展编辑出版学科，头等大事尤其应当是教材建设。因为——恕我直言——编辑出版学的教材问题业已成为本学科严重不足的短板。现在不少学校的编辑出版学专业使用的还是1996年组织编写的教材。那是编辑出版学最早系统化的一套教材，发挥过重要的历史作用。但是，近20年过去，我国出版业、编辑出版研究与教学都有了长足的发展和改变，现在看来，这套教材不仅内容太过陈旧，与出版业发展现状差距亦大，而且距离实用性要求尤其大。近几年来，也有若干套新教材面世，一定程度上有新意、有创意，然而却有明显的个人专著的特点，有些内容尚属学术探讨阶段，并不利于学生明确的理解和接受，作为教学参考用书尚差强人意，作为课堂教材则有较明显的不足。尤其是，对于实用性要求，这些教材也都还有差距。如此情势下，长期处在教学实践中的朱宇教授，秉承培养实用型人才的宗旨，直接从实训教学入手，弥补现有教材教学的不足，在教材建设这一务本之路上迈出了坚实的一步。

编写实用型专业的高等学校教材，不能只是满足于告诉学习者专业的要求，更要告诉学习者怎样才能达到那些要求。所谓"授人以鱼不如授人以渔"。这就是这套系列教材编写中所力图追求的目标。为了实现这一目标，这套教材的编写者们做了以下若干努力：

一、坚持从提出和解决问题入手，立足于培养学习者解决问题的能力。哪里有问题，哪里就有求知。教材中设计的一系列问题，当然是来自于编辑出版工作的实际。对于学习中有可能产生的疑惑和困难，教材中均针对性地提出。在每个单元中，还安排了有针对性的研究项目及模拟实训，这一切，均体现了既要掌握理论知识更要获得实际操作能力的教学目的。

二、重视案例教学，立足于增强学习者的专业实感。哈佛商学院首创案例教学，现已成为实用型学科教学的主要方法。生动的案例写作和深入分析，能引导学习者从个别到一般，从实践到理论，理解所学专业的相关原理和知识，达到培养学习者发现问题、解决问题、总结经验的能力。这套教材突出案例教学的特点，每章节以案例开篇，以案例导出问题，以引发学生的兴趣和思考。当然，案例的选取至为重要的是具有时代性和典型性，案例教学最终要落在案例分析上，分析将显示专业水准和理论深度，编写者们是努力这样去做的，只是感到尚有需要改进和加强的地方。

三、重视教材编写形式，努力以形象生动为指要。这套教材十分注意避免以往一些教材编写形式单一，文字空洞苍白，难以引起年轻学习者的兴趣和注意之不足。编写者们注意兼顾教材的科学性与受众的接受心理，在保证内容的科学性、逻辑性和系统性的前提下,使内容适当地碎片化,以说理性内容配合案例、图表,使学习者一目了然,理解到位。据说朱宇教授曾把部分初稿拿给一些学生试读,反映还不错。

四、写作队伍具有产学研结合的特点。所谓"产",即指出版业从业人员;"学"即指编辑出版学专业教师;"研"则指编辑出版学专业研究者和在读的研究生。《图书策划编辑实训教程》一书的编写者林少波,就有出版业从业10年,服务过多种所有制单位的经历,写过畅销书也一直致力于编辑出版畅销书和长销书,且在新闻出版系统在职编辑培训中有过教学经验。《图书成本核算实训教程》《出版物发行实训教程》两书也都由人民邮电出版社、人民文学出版社等著名出版机构的编辑部、出版部、发行部专业人员参与编写。至于朱宇教授,她有在出版单位工作13年和高校从教13年的丰富经历,除主持全套丛书编写出版工作外,还直接带领学生编写《图书编辑与制作实训教程》,不仅融汇了她从业从教多年的经验和心得,还让学生们得到了实践的机会。有实践总会有体会。而编辑出版学专业的学习最重要的是体验。这种体验可以说弥漫于这个行业的全体,贯穿于编辑出版的全过程。朱宇教授带领北京印刷学院编辑出版系首届出版专业硕士,从市场调研做起,反复推敲实训教材的设计与写作方案,制订写作体例,写策划方案,写初稿,导师退改,往返至少三次,最后导师统稿。这期间还多次征求出版业界一线出版人的意见,使得书稿逐步臻于完善。尽管,最后只有少数几位学生写作的文稿基本符合要求,但是,对于全体参与者,无疑都得到了锻炼,能力均有不同程度的提高。叶圣陶先生曾有名言:"教育就是习惯的养成。"学生们参与这套教材编写,对他们的学习、研究乃至今后工作良好习惯的养成,无疑是大有好处的。

综观朱宇教授主持的这套实训教材编写出版的意义和若干特

点,且对整个编写工作的种种困难有所了解——她不仅教学任务繁重,又不慎遭遇伤痛,被逼疗救了一些时日——我不能不发表一点专业以外的感想。我深感朱宇教授是一位真诚、深挚热爱编辑出版学教育和科研的专业人士。她做事认真,这在她工作过的单位都是有口碑的。她不仅做事认真,而且一味追求深入透彻,这在老师们中间也是有公认的。她不仅做事认真,追求深入透彻,而且文气十足,这在学生们中间更是广受拥戴的。看到她的努力和种种成果,让我想起了《论语》中"执事敬"的训诫。所谓"执事敬",诚如宋代大儒朱熹所解读,即"凡人立身行己,应事接物,莫大乎诚敬。诚者何?不自欺,不妄之谓也。敬者何?不怠慢,不放荡之谓也。"朱宇教授正是秉持着"执事敬"的态度来从事自己所挚爱的事业,才可能在深得学生们拥戴的同时,又有若干项教学科研方面的成绩,像这套系列教材一样,为事业增添光彩。这些年,我忝列于北京印刷学院新闻出版学院客座教席,目光所及,像朱宇教授如此这般"执事敬"的教授,并非唯独仅有,而是不胜枚举,甚至可以说,几成学院风气。在这样的学院风气中,哪里还容得下任何虚无主义的态度!恰恰相反,这里有的是进取之心、创新之意、建功立业之志,这才有了这套系列教材生长的土壤和氛围。

2013.5.18

(作者系中国韬奋基金会理事长、中国出版集团公司原总裁、北京印刷学院新闻出版学院院长)

目 录

第一章 图书整体设计　001

第一节 图书整体设计概述　/005

第二节 常见的图书开本及尺寸　/013

第三节 正文设计与排版　/031

第四节 封面与彩插的设计与制作　/049

第二章 图书印装　073

第一节 胶印印版制作前工序　/076

第二节 书刊印刷　/083

第三节 书刊装订　/091

第四节 常见印刷质量问题及原因　/097

第五节 印后整饰　/110

第六节 数字印刷与按需出版　/126

137 第三章
纸张与纸张用量计算

第一节 纸张　/ 140

第二节 纸张的计算及换算　/ 154

第三节 图书刊印用料计算　/ 162

177 第四章
图书印制成本预算

第一节 印刷报价和印刷计价　/ 180

第二节 纸款的计算　/ 183

第三节 加工费用的计算　/ 189

第四节 出版物成本　/ 205

第五节 本量利分析　/ 215

附录一 印刷专业术语　/ 233

附录二 排版专业术语　/ 239

附录三 纸张厚度系数表　/ 243

参考文献　/ 249

后记　/ 251

第一章

图书整体设计

本章重点

图书整体设计的核心是设计，而设计的核心是创意。创意则需思考图书的形式意味、视觉想象、文化意蕴、材料工艺等。除了在宏观上对图书整体设计的把握外，微观上一些设计的细节更值得我们重视，这些设计上的"小技巧"往往是评定设计优劣的考察点。

整体设计与一般的绘画创作不同。整体设计工作结束后，设计者的作品只是一种方案，它不是最终完成的艺术品，后面还需要经过制作、印刷、印后加工等生产环节，通过用纸张及各种装帧材料、印装工艺而物化成为具有物质形态的图书。书籍的整体设计及最终的形态、材质、效果、质量，必须依赖于材料、制作、印刷及印后加工技术。所以，书籍的出版工作是一个系统工程。

趣味导读

图书的设计离不开节约意识

随着图书市场的竞争越来越激烈，有些出版人不是在选题、内容、质量等方面下狠功，而只是在图书设计上做文章，企图靠设计的变化来吸引读者。图书设计在图书营销中当然很重要，优秀的设计确有推动销售的作用，但许多事情往往都是利与弊并存，不能一看到有利一面脑子就发热，乐其利必虑其弊。就图书设计而言，当前就存在趋利掩弊的"过热"倾向。主要表现在：

一、过分追求豪华，滋长奢侈风气

精装本、典藏本、豪华本、超级豪华本……太多太滥了。图书设计应考虑到图书的不同内容，以往只有内容重要并有长久保存价值的书，才采用精装本。不问内容，哪怕是拼凑的书，都热衷出精装，而且互相攀比，越比越豪华。这样做大多均非为读者着想，其真实意图，乃是为了评奖，为了显示政绩，为了发布会上讲排场。曾经出现过1万元1部的《评点二十四史》，还出现过号称含99.9%黄金封面、价值1.96万元的《孙子兵法》。真有必要出这么豪华的书吗？

二、贪大求洋，盲目"与国际接轨"

近几年，图书开本越来越大。大量新书都是比大 32 开还要大的所谓国际大开本，有些还干脆用上 16 开本。据说这是与"国际接轨"，使图书显得"大气"，能吸引人。其实这是图书设计认识上的一个误区。开本绝非越大越"气派"，更不能一窝蜂，大家都追求一种模式。有些文献书、工具书、图画较多的书，采用大开本是需要的，而那些时令书、汇编书、故事书、消闲书、支农书，包括部分少儿书，也用那么大开本，实在不必要。何况开本大小，绝非读者购书与否的权衡因素，只要创意好，小开本同样可以吸引人。从阅读方便来讲，人们还是更喜欢轻便、易携带的。要讲"接轨"，国外既有大开本书，也有各种小开本书，还有口袋书、袖珍书等等。为什么只跟大开本接轨？已有读者抱怨，只顾你"接轨"，我家里的书柜，已摆不下大开本书了。

三、忽视节约意识和环保观念

越来越多的书刊都加上了一层透明玻璃纸。据说是担心退货回来的书弄脏了特意包装的。其实，被弄脏的不过是柜台陈列的几本样书。退货书的保洁，应从加强管理入手，为什么要以所有书都添加"新装"这种代价，来为少数退货的脏书买单？这种薄膜，16 开本每本成本约为一角二分，姑且以一角计算，全年出版的 70 亿册图书，倘若都加封套，仅这一项增加的图书成本就是 7 亿元，若算上全国 9468 种期刊为此增加的成本，那就更多了。别看那薄薄一层封套，仅包装图书，全年就要消耗 2.5 万吨，同时生产这种薄膜过程中，会排出污染空气的甲苯，而且它是不可降解的，读者剥开后都成了垃圾，必然加重了对环境的白色污染。

发 散 思 维

1. 你觉得就图书的整体设计而言，是实用、适合为佳，还是精美、高端为重？

2. 对图书开本的选择，你觉得怎样是合适的？

3. 关于图书设计的节约与环保，你有哪些想法与好的建议？

4. 你认为图书的设计在当今竞争激烈的图书市场中发挥着怎样的作用？

第一节 图书整体设计概述

实训目标

1. 了解书刊整体设计的基本概念、图书整体设计的主要作用；

2. 熟悉图书整体设计的目的和内容；

3. 掌握图书的必备结构和可选用的部件、图书整体设计的主要要求。

实训任务

以一本精装图书为例，分析其是由哪些部件构成的。

一、图书整体设计的目的和内容

（一）图书整体设计的目的

目的是使图书具有最佳视觉效果。经过整体设计的图书是信息发布的重要媒介，同时它又要让读者通过阅读产生美的遐想与共鸣，让设计师的观点与涵养能进入读者的心灵。

（二）图书整体设计的内容

1. 图书外部装帧设计

图书形态设计：开本的选择、图书结构确定、装订样式确定；

图书美术设计：封面、护封、环衬、主书名页、插页等的设计；

图书装帧制作工艺设计：印刷工艺运用、材料选择。

2. 图书版式设计

用字选择；

版心确定；

文字的排式；

图文在版面上的编排。

二、图书的必备结构和可选用部件

（一）图书的必备结构部件：书芯、封面、主书名页

1. 书芯

书芯是图书的主体，是图书中承载图书主体内容（包括正文及部分辅文）的部分。书芯的制作程序：纸张→双面印刷→折页→帖→若干书帖套帖或叠帖→装订→书芯。

书芯一般不包括书名页。但有些装帧较简单的图书的书名页往往是随同正文一起印刷的，于是书名页便成为书芯的第一页。书芯的设计取决于对订书方式的选择，以不同方法装订成的书芯，外观有所不同。

2. 封面（书皮，封皮，包括书壳）

封面是图书的外表部分，它包在书芯和书名页（或环衬、插页等可选结构部件）外面起保护作用，用纸较厚，并印有装帧性图文。图书的封面一般可分为面封（前封面）、封二（封里）、底封（底封面）、封三（底封里）和书脊（脊封）五个部分。软质纸封面还可带有前、后勒口。前、后勒口除增加面封和底封沿口的牢度外，还有保持封面平整、挺括、不卷边的作用。

书壳（封壳）是用硬质材料（纸板）加上纸、织物等材料制作的，由于质地较硬且略大于书芯，其保护书芯的作用明显超过软质纸封面。

封面所标示的图书属性：

（1）面封应该印书名、副书名、作者名（以及译者名，下同）和出版者名，多卷书要印卷次。若书名是用汉字表达的，应印上其汉语拼音。如果是丛书要印丛书名。翻译图书应在原作者名前注明国籍。

（2）书脊的内容和编排格式由国家标准《图书和其他出版物的书脊规则》（GB/T 11668–1989）规定。宽度大于或等于5mm的书脊，均应印上相应

内容。一般图书应该印上主书名和出版者名（或出版者 logo）；若空间允许，还应加上作者名，并列书名（副书名）和其他内容。多卷书的书脊，应印该书的总名称、分卷号和出版者名，但不列分卷名称。丛书等系列书的书脊，应印本册名称和出版者名，若空间允许，也可加上总书名和册号。

（3）底封上应有书号、条码和定价。也可将编辑、校对、装帧设计责任人员名单印上。

（4）图书的封二、封三一般保持空白，但也可根据整体设计的需要，设置一些文字（尤其是图书宣传文字）和/或装饰图案等。

（5）前、后勒口既可以保持空白，也可以放置作者肖像、作者简介、内容提要、故事梗概、丛书目录、图书宣传文字等。

3. 主书名页

图书的书名页是图书正文之前载有完整书名信息的书页，包括主书名页（必备结构部件）和附书名页（可选用的结构部件）。

主书名页是指载有本册图书的书名、作者、出版者、版权说明、图书在版编目数据、版本记录等内容的书页，一般用纸比封面薄而比正文厚，其内容种类和编排格式由国家标准《图书书名页》（GB/T 12450–2001）规定。

主书名页应置于书芯前或插页前，它包括扉页和版本记录页两个部分。

（1）扉页（内封）位于主书名页的正面（即单码面）。它提供有关图书的书名（包括正书名、并列书名及其他书名信息）、作者和出版者的信息。作者名要用全称，翻译书应包括原作者的译名及国籍；多作者的图书，在扉页列载主要作者，全部作者可在主书名页后加页列载。出版者要采用全称，并标出其所在地；若出版者的名称已表明其所在地，则可不标地名。

丛书、多卷书、翻译书、多语种书等特有的一些书名、作者、出版者信息，一般列载于附书名页（如扉页没有空间的话）。

（2）版本记录页（版权页）位于主书名页的背面（即双码面），它提供图书的版权说明、图书在版编目数据、版本记录。

①版权说明对本图书著作权的归属作出明示。一般以版权符号©（copyright—"版权"的略号）开头，后列著作权人名称和首次出版年份，也可再标注本版的出版年份，还可加注诸如"版权所有，未经许可不得以任何方式使用"的字样。版权说明排印在版本记录页的上部位置。

②图书在版编目数据，又称"CIP（Cataloguing In Publication）数据"，是指依据一定的标准，在图书出版过程中编制并印在图书上的书目数据。CIP数据应置于版本记录页的中部位置，分为以下四个段落：

　　a．标题。标明"图书在版编目（CIP）数据"；

　　b．著录数据；

　　c．检索数据；

　　d．其他注记，内容按编目工作需要而定。各段落之间均空一行。

中国版本图书馆CIP数据中心在核发CIP数据时，对其数据项目和具体格式应根据国家标准《图书在版编目数据》（GB/T 12451-2001）的规定设定。

③版本记录置于版本记录页的下部位置，应该提供CIP数据未包含的出版责任人记录、出版发行者说明、载体形态记录、印刷发行记录等项目。

◆出版责任人记录包括责任编辑、装帧设计、责任校对和其他有关责任人。

◆出版发行者说明包括出版者、排版印刷者、装订者、发行者，其名称均应用全称；出版者名下应注明详细地址及邮编，也可加注电话号码、电子信箱地址或互联网网址。

◆载体形态记录包括图书开本及其幅面尺寸、印张数、字数、附件的类型与数量。

◆印刷发行记录包括第一版、本版本次印刷的时间及印数和定价。

此外，也常有把书名、并列书名、作者名、中国标准书号也列入版本记录的。还有不少出版单位在版权页上标明因印制装订存在质量问题而退换图书的联系方式。

（二）图书的可选用结构部件

1. 环衬

设置在封面与书芯之间的衬纸，也叫蝴蝶页。环衬是把封面与书芯、主书名页连结起来的图书结构部件，可增加图书的牢固性，也起装饰作用。一般有前后环衬（即双环衬，单环衬较少见）。一般用纸比封面稍薄、比书芯稍厚。

2. 附书名页

附书名页位于主书名页后，通常在双码面印刷相应文字，与主书名页正面相对应；必要时也可以使用其正面或增加其页数。附书名页应列载：多卷书的总书名、主编或主要作者名；丛书名、丛书主编名；翻译书的原著书名、作者名、出版者名的原文、出版年份及原版次；多语种书的第二种语言之书名、作者名、出版者名；多作者图书的全部作者名。

3. 插页

插页是印有与图书内容相关的图片、图像的书页，有集合型插页和分散型插页两类。

4. 护封（包封）

护封是包在精装图书硬质封面外的包纸，也有平装软面加护封面的做法。高度与书相等，长度较长，其前后勒口勒住面封与底封，使之平整、挺括，从而起到保护作用。

5. 函套

（1）书函：是我国传统书籍护装物，有四合套和六合套两种。

（2）书套：各种装载 N 本图书的盒、匣等外包装物。

6. 其他部件

（1）辑封（篇章页）：图书正文页内标明"篇"、"辑"名称的书页。

（2）腰封（书腰纸）：即包勒在封面腰部、有一定宽度的一条纸带，纸带上可印与该图书相关的宣传、推介性图文。

（3）书签带：一端粘连在书芯的天头脊上，另一端则不加固定，起到书签的作用。

（4）藏书票：专门夹在某些图书中的美术作品小型张，其作用是纪念某一图书出版发行，也可供爱好者收藏。

三、图书整体设计的主要作用和要求

（一）整体设计的主要作用

图书整体设计的作用就是要将书稿的文字、图像、图形、表格等要素有意图、有组织、有顺序地进行设计编排，把书本的文字信息用清晰、有趣，富有节奏感、层次感的方式表达出来；选择合适的纸张及各种装帧材料，将图文大量复制并装订成册，使其载录得体，翻阅方便，阅读流畅，有利传播，易于收藏。

图书的价值包含着图书内容的价值和装帧形态的价值两部分。这两部分合二为一，在市场上就形成了一种特定形态的社会文化商品。

（二）图书整体设计的要求

1. 整体性

（1）图书出版过程中各环节的协调要求：图书整体设计必须与图书出版过程中的其他环节紧密配合、协调一致，更要在工艺选择、技术要求和艺术构思等方面具体体现出这种配合与协调。如在对材料、工艺、技术等作出选择和确定时，必须体现配套、互补、协调的原则；在艺术构思时，必须体现书籍内容与形式的统一、使用价值和审美价值的统一、设计创意高度艺化与书籍或期刊内容主题内涵高度抽象化的统一等等。

（2）对书籍从内到外地进行整体设计：要求进行图书设计时，其封面、护封、环衬、扉页、辑封、版式等都要进行整体考虑，不可分割。因为图书设计艺术，不仅仅指封面的图案设计，而且还包括内文的传达和表现，以期在阅读过程中产生感染力。这就要求设计者在对书稿内容加以理解分析后，应提炼出需要用到设计上的文字、图形与符号，非常讲究地把书本的文字信息清晰、有层次而又富有节奏地表达出来。

（3）图书的设计要结合内文：在2004年10月29日上海刘海粟展览馆展出的"世界上最美的书"设计艺术展中，中国获得唯一金奖的《梅兰芳（藏）戏曲史料图画集》采取了中国线装装订，与该书的内容非常适合，增强了内文的表现力。就图书装帧艺术来说，设计与图书内文恰当地结合才是关键所在。《梅兰芳（藏）戏曲史料图画集》正是在细节的较量中取胜的。

2. 艺术性

不仅要求整体设计充分体现艺术特点和独特创意，而且要求其具有一定的艺术风格。这种风格，既要体现图书内容的内在要求，也要体现图书的不同性质和门类的特点。

艺术性原则还要求图书整体设计能够体现出一定的时代特色和民族特色。

图书整体设计的时代性标志，是指设计的创意和效果能充分反映出时代精神和时代气派；民族性标志，是指图书整体设计的创意既能充分反映一个民族、一个国家的深厚文化底蕴，富有自身文化品格，同时又能兼容并蓄外来文化的精髓。

3. 实用性

书籍的诞生首先是出于传播文化的阅读需要，它是为了使用而产生的。书籍形态的发展变化过程，中国古代从简册装到卷轴装、旋风装、经折装、蝴蝶装、包背装、线装，西方书籍从泥版书到莎草纸书、羊皮书、本型书，都是一个随着社会的发展越来越适应需要、越来越利于实用的过程。

书籍装帧的实用价值体现在：载录得体，翻阅方便，阅读流畅，易于收藏。书籍装帧设计的诞生与发展，永远是把实用性摆在第一位的。

实用性要求图书整体设计时必须充分考虑不同层次读者使用不同类别图书的便利，充分考虑读者的审美需要，充分考虑审美效果对提高读者阅读兴趣的导向作用。实用性表现在图书整体设计的每一个方面，如版面设计的实用性体现在如下几点：

（1）减轻读者的视力疲劳：人眼最大有效视角度左右为160°，上下为65°，最适合眼球肌肉移动的视角度左右为114°，上下为60°。所以，版式设计时，人的最佳视域应以100mm左右（相当于10.5磅字27个）为宜。有实验表明，行长超过120mm，阅读速度将会降低5%。

（2）顺应读者心理：让读者在自然而然的视线的流动中，轻松、流畅、舒服地阅读图书的内容。

（3）诱导读者阅读：如设计中对强调与放松、密集与疏朗、实在与空白、对比与谐调及黑白灰、点线面的运用。

4. 经济性

要求图书整体设计不仅必须充分考虑图书阅读和鉴赏的实际效果，而且必须兼顾两个方面效益的比差：一是所需资金投入与带来实际经济效益的比差；二是设计方案导致的图书定价与读者的承受心理和承受能力的比差。

第二节 常见的图书开本及尺寸

实训目标

1. 了解图书开本分类；

2. 熟悉精装书壳开料尺寸计算；

3. 掌握书脊厚度计算方法。

实训任务

在图书的印张、开本以及所用纸张的品种、规格、定量确定的情况下，计算一本书的书脊厚度。

一、开本与纸张幅面的关系

开本是用书刊成型后单面的纸面积相当于全张单面面积的多少分之一来表示的。例如32开，是书的单面面积相当于全张纸面积的1/32；16开则表明书的单面面积相当于全张纸面积的1/16。全张纸对折一次，一分为二，幅面变为全张纸的1/2，称对开。对开再对折一次，幅面变为全张纸的1/4，称4开。全张纸本是1，对折一次，等于1乘1/2，再对折一次，再乘以1/2，就变成1/4。这样一次又对折，对折几次，就有几个1/2相乘。比如对折5次，即有5个1/2相乘，得1/32，这时的幅面就是32开。参见图1-1。如果以M表示书刊的开本数，上述关系用公式表示就是：

$$M=2^n$$

式中：n即对折的次数。

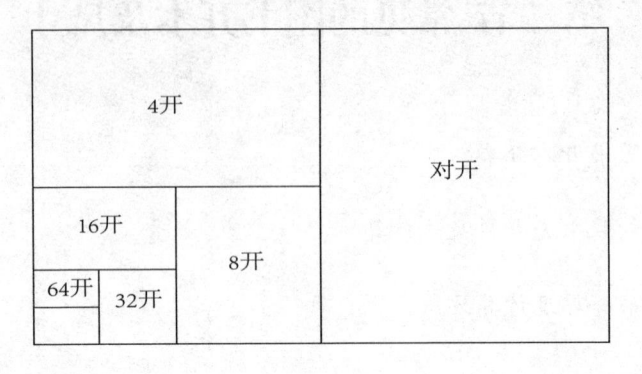

图 1-1 开本

在国家标准中，就是以折叠的次数来命名开本的，命名由纸张规格代号和拆零次数组成，用来表示一定的开本。以 A 型纸为例有：A1、A2、A3、A4、A5、A6……命名中的阿拉伯数字，表示将全张纸对折长边的次数。

开本尺寸是指开本确定之后，裁切出的每个页张的单面幅面尺寸，印刷用纸分平板纸和卷筒纸两种规格。平板纸（也称单张纸、平张纸），是把卷筒纸一张一张断裁而成的。印刷用纸的幅面尺寸，是一个非常重要的印刷基准参数。印刷机械的设计者要依据纸张的幅面尺寸来设计印刷机械、制版机械以及装订机械的有关部件的尺寸。印刷版材如 PS 版及感光胶片，要参照印刷机械及制版机械的幅面规格来确定它的幅面尺寸。另外，机械制造、造纸、图书馆设备及物资供应等行业也都需要有个标准的幅面和开本尺寸。非标准开本及其幅面尺寸既限制出版印刷行业的技术改造和技术进步，也会影响到相关行业的技术改造和发展。书刊开本及幅面尺寸标准化还关系到纸张和印刷设备规格的统一、排印一致、印前信息交换格式相同的标准化体系的建设。

长期以来，我国印刷用平板纸大多以 787 mm×1092mm 为主，制版、印刷、装订机械也是以使用这种规格的纸张来设计的。这就是我们常说的小规格纸，但是，当今世界上生产印刷机械的一些国家早已淘汰了这种小规格的幅面，所以我国已决定，今后生产的印刷平板纸将以大规格的 880mm×1230mm 为标准，小规格的 787mm×1092mm 的纸幅，只作为过渡尺寸。这就要求我国的印刷设备、器材生产厂家在设计产品幅面尺寸时要适应纸张幅面尺寸的这种变化趋势。

由于印刷用纸幅面有大小规格之分，使得图书、期刊的幅面也有大小开本之别。过去习惯上把787mm×1092mm纸幅系的开本称小开本，而把850mm×1168mm纸幅系列的开本称大开本。表1-1所列即为这种习惯开本的开本尺寸，仅供参考。表中所列的横开本，即书籍订口为书芯短边的开本。

表1-1 常用开本及尺寸

开本	尺寸		成品尺寸		横开本成品尺寸	
	宽（mm）	长（mm）	宽（mm）	长（mm）	宽（mm）	长（mm）
对开	545	787	518	756		
4开	393	545	275	518		
8开	294	393	260	380		
大16开	212	292	200	285	195	287
16开	196	273	190	260	185	262
大32开	148	212	140	203	138	205
32开	136	196	130	185	128	186
大64开	106	148	101	137	98	139
64开	98	136	92	126	90	128
大128开	71	106	68	101	65	103
128开	68	98	62	92	60	94

表1-1中标有大开本的，是850mm×1168mm的纸张开本系列，未标的为小开本，是787mm×1092mm的纸张开本系列。纸张在印制过程中还要进行印前的光边裁切（每边3mm），留出印刷叼口（大约8mm），套色印刷时还要留出十字线的套准位置（大约5mm），最后在成品裁切时也需要有最小3mm的切口光边。

上述的开本尺寸是我国多年来的习惯用法，这些开本尺寸与国际标准还有一定的距离，为了使我国出版物的开本与国际标准接轨，我国于1987年制订GB/F 788-87"图书和杂志开本及幅面尺寸"，在制订这个标准的时候，787mm×1092mm 纸张的开本（188mm×260mm）的使用量还非常大，因此规定中可作为过渡，沿用到 2000 年，但要逐步淘汰。1999 年制订的 GB/T 788-1999"图书和杂志开本及幅面尺寸"这个国家标准是根据 ISO 6716-1983 并结合我国的实际情况，重新修订的关于图书和杂志开本及幅面尺寸的国家标准，于 2000 年 5 月 1 日起实施。这个国家标准已取消了 787mm×1092mm 纸张的这种非标准开本，规定图书杂志 A4 开本的公称尺寸为 210mm×297mm。这个标准所规定的开本及幅面尺寸列表于表 1-2 供参考。

表 1-2 标准开本及尺寸

单位：mm

未裁切单张纸尺寸	裁切成开本代号	公称尺寸（允差 = 1mm）
890×1240M	A4	210×297
890M×1240	A5	148×210
890×1240M	A6	105×144
900×1280M	A4	210×297
900M×1280	A5	148×210
900×1280M	A6	105×144
1000M×1400	B5	169×239
1000×1400M	B6	119×165
1000M×1400	B7	82×115

表 1-2 中 A 和 B 代号后面的数字，表示将全张纸对折长边裁切的次数，例如，A4 表示将全张纸对折长边 4 次裁切为 16 开；A5 表示将全张纸对折长边 5 次裁切为 32 开，M 表示纸张的丝缕方向与该尺寸边平行。修订后的标准中取消了 787mm×1092mm 纸张的开本。将旧标准中的 A 系列未裁切原纸 880mm×1230mm 的规格，修订为国际标准中的 890mm×1240mm 规格的纸张。修订后的标准中还取消了"开数"的称谓，采用国际通用的称谓和标识，即 A4、A5、A6 或 B5、B6、B7。

表1-3 印刷企业常用的5种纸型与相应的16开杂志的幅面尺寸

单位：mm

未裁切单张纸尺寸	已裁切的16开本杂志的幅面尺寸
890×1240	210×297
900×1280	210×297
850×1168	205×285
787×1092	188×260
889×1194	210×285
	210×290
	205×285

纸张的几何图形和开本的几何图形有着密切的关系。所谓几何图形就是纸张开本的长宽比例，图书开本的理想比例应当是黄金比例，这个比例就是1∶0.618。由黄金比例所延伸的黄金数列为1，2，3，5，8，13，21，……。它的规律是前两数之和为下一个数。由两个相邻数组成的比例，都可成为近似的黄金比例，也可用来作为开本幅面的比例。

国际标准化组织（ISO）在制定纸张幅面及开本比例时，确定了一条原则，即相似形原则，也就是说在一个系列内所有的开本尺寸都为彼此相似的几何图形。为此，要求纸张由长边对折后的几何图形不变。根据这一原则所规定的纸张尺寸比例为：以正方形的一边长度为短边，而正方形对角线的长度为长边尺寸。这样形成的纸张比例为1∶1.414，这个比例既近似于黄金比例，又能满足其相似形的原则。

二、图书开本开法分类

（一）原纸尺寸

常用印刷原纸一般分为卷筒纸和平板纸两种。根据国家标准GB/T 147–1997"印刷、书写和绘图用原纸尺寸"的规定，印刷、书写和绘图用纸（其中包括常用的印刷用纸——新闻纸、凸版纸、胶印书刊纸、胶版纸、凹版纸、铜版纸等）的全张尺寸可以是：

1000mm×1400mm、900mm×1280mm、860mm×1220mm、880mm×1230mm、787mm×1092mm 等。

对一些特殊的纸种，有相关的行业标准加以限制，如玻璃卡纸的全张尺寸可以是 880mm×1230mm、850mm×1680mm、787mm×1092mm，封面纸板的全张尺寸是 1350mm×920mm。

由于国际国内的纸张幅面有几个不同系列，因此虽然它们都被分切成同一开数，但其规格的大小却不一样。尽管装订成书后，它们都统称为多少开本，但书的尺寸却不同。进口纸的全张尺寸一般符合国际标准 ISO 217：1995 的规定，其中大部分规格为我国国家标准所采用。在我国，使用最多是以下这几种规格，它们都有约定俗成的名称。

正度：787mm×1092mm（多用于书刊）

大度：889mm×1194mm（多用于海报、彩页和画册）

A 度：890mm×1240mm 或 900mm×1280mm（多用于信纸、复印纸）

B 度：1000mm×1414mm（多用于信封、档案袋）

尺寸书写的顺序是先写纸张的短边，再写长边。纸张的纹路（即纸张的丝缕方向，也称纸的纵向）用 M 表示。例如 880×1230M（mm）表示长纹，880M×1230（mm）表示短纹。印刷品特别是书刊在书写尺寸时应先写水平方向再写垂直方向。

通常把一张按国家标准分切好的平板原纸称为全开纸。在以不浪费纸张、便于印刷和装订生产作业为前提下，把全开纸裁切成面积相等的若干小张称之为多少开数；将它们装订成册，则称为多少开本。

对一本书的正文而言，开数与开本的涵义相同，但以其封面和插页用纸的开数来说，因其面积不同，则其涵义不同。通常将单页出版物的大小，称为开张，如报纸、挂图等分为全张、对开、4 开和 8 开等。

（二）常用纸张的开法和开本

为了书刊装订时易于折叠成册，一般将纸的幅面一次又一次对折，即可得到对开、4开、8开、16开、32开、64开等，以这样的尺寸裁切叫正开法。这是按2的指数形式展开形成的系列。书刊开本的开法分正开法、畸开法、叉开法和混合开法等几类。

①正开法。正开法是指全张纸按单一方向的开法，即一律竖开或者一律横开的方法。这种开本便于机械化折页。纸张裁切以后没有零头剩料，纸幅利用率高，一般的图书期刊大多应用正开法。

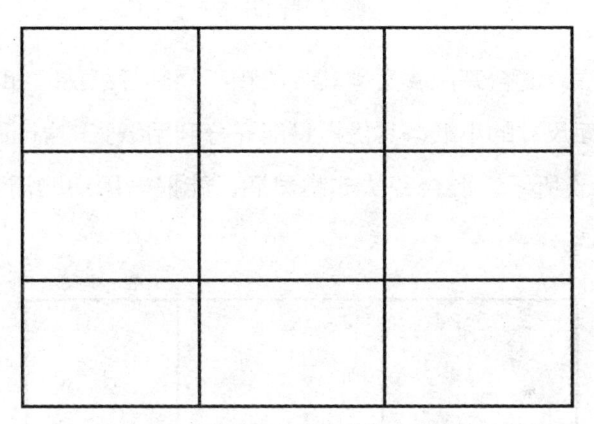

图 1-2 纸张正开法开本示意图

②畸开法。先将全张纸的幅面作等分的3开、5开和7开，然后在裁开的幅面上再作对折、均分折等折裁，即可得到各种不同幅面尺寸的开本，如图1-2所示，畸开法虽然开数不同排布也不统一，但都能充分地利用纸幅，没有剩余纸头。

③叉开法。叉开法是指全张纸横竖搭配的开法，如图附1-3所示。叉开法通常用在正开法裁纸有困难的情况下。

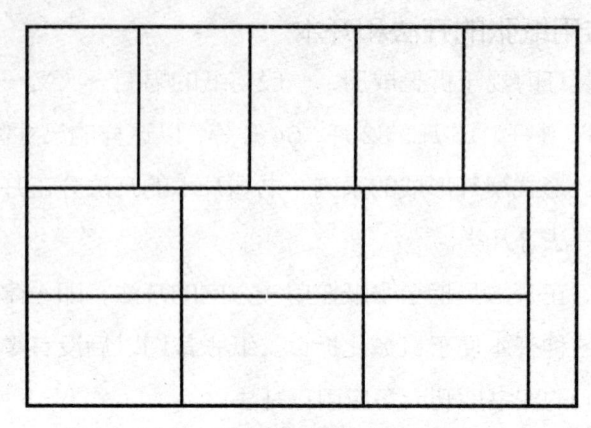

图 1-3 纸张叉开法开本示意图

④混合开法。混合开法，又称套开法和不规则开纸法，即将全张纸裁切成两种以上幅面尺寸的小纸，其优点是能充分利用纸张的幅面，尽可能使用纸张，如图 1-4 所示。混合开法非常灵活，能根据用户的需要任意搭配，没有固定的格式。

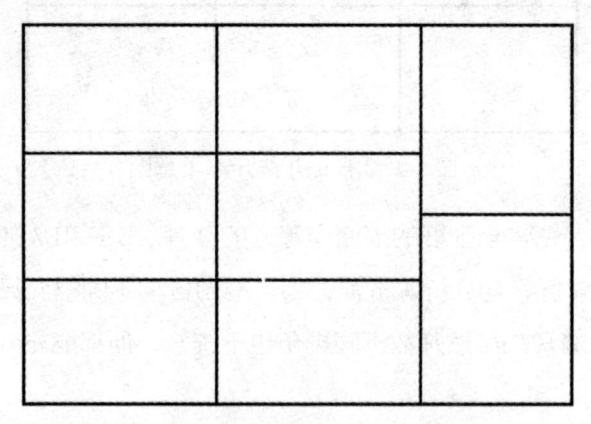

图 1-4 纸张混合开法开本示意图

一般说来，页面在全张纸上排列时，要在纸张的叼口和拖稍处各留下 20mm 的宽度，这是放置印刷控制条的位置。另外，两边至少要留下 3mm 的空白供裁切，以便裁切掉毛边。

页面之间要有一定的间隙，供各个页面出血用，必要时还要标记裁切和折叠的参考线。出血的常规量是 3mm，两个页面都要出血，而裁切或折叠的标记通常也是 3mm 长，因此，相邻两个成品边缘之间的距离是 9mm。但如果实在放不下已经定好尺寸的页面，出血量和参考线的长度也可以少一些，但不得低于 1mm。这就是说，成品边缘之间的距离不得低于 3mm。

尽量不浪费纸张。如果按上述方法把页面都排完后在全张纸上还有大块的空间不被使用，这就很浪费了，当然，如果成品非得要用某个尺寸而又找不到合适的纸张，也是没有办法的事。设计人员在选用纸张尺寸的时候也要尽量选择正开的尺寸，以减少纸张的浪费。

把特殊规格的页面排在大版上的情况，根本不用顾忌开本是多少，只要看页面排不排得下，会不会浪费纸张就行。

对于重要的印刷品，如中小学教科书、公文，国家是规定了它们的成品尺寸的，在设计和选用纸张时就必须查阅国家标准，并选择适当的全张纸。

（三）常用开本

（1）A度纸（印刷成品、复印纸和打印纸的尺寸），B度纸（多用于较大成品尺寸的印刷品，如挂图、海报）和C度纸（用于封装A度文件的信封、档案盒）。

表 1-4 不同全开纸规格常用开本尺寸

A 度纸	尺寸（mm）	B 度纸	尺寸（mm）	C 度纸	尺寸（mm）
4A0	1682×2378				
2A0	1189×1682				
A0	841×1189	B0	1000×1414	C0	917×1297
A1	594×841	B1	707×1000	C1	648×917
A2	420×594	B2	500×707	C2	458×648
A3	297×420	B3	353×500	C3	324×458
A4	210×297	B4	250×353	C4	229×324
A5	148×210	B5	176×250	C5	162×229
A6	105×148	B6	125×176	C6	114×162
A7	74×105	B7	88×125	C7	81×114
A8	52×74	B8	62×88	C8	57×81
A9	37×52	B9	44×62	C9	40×57
A10	26×37	B10	31×44	C10	28×40

（2）RA度纸（一般印刷用纸，裁边后，可得A度印刷成品尺寸）：

RA度纸	尺寸(mm)
RA0	860×1220
RA1	610×860
RA2	430×610

（3）SRA度纸（用于出血印刷品的纸，其特点是幅面比较宽）：

SRA度纸	尺寸(mm)
SRA0	900×1280
SRA1	640×999
SRA2	450×610

（四）图书开本设计的原则

开本的大小是图书展示给读者的第一外观印象。在对图书进行设计的时候，首先要考虑的也是开本的大小。只有确定了开本的大小之后，才能根据设计的意图确定版心和版面的设计、插图的安排和封面的构思，并分别进行设计。独特新颖的开本设计必然会给读者带来强烈的视觉冲击力。

图书的开本也是一种语言。作为最外在的形式，开本仿佛是一本书对读者传达的第一句话。好的设计不仅带给人良好的第一印象，而且能体现出这本书的实用目的和艺术个性。比如，小开本可能表现了设计者对读者衣袋书包空间的体贴，大开本也许能为读者的藏籍和礼品增添几分高雅和气派。美术编辑的匠心不仅体现了书的个性，而且在不知不觉中引导着读者审美观念的多元化发展。但是，万变不离其宗，适应读者的需要始终应是开本设计最重要的原则。

决定开本大小的有以下一些因素。

1. 图书的类别

图书的性质和内容，因为图书的高与宽已经初步确定了书的风格。开本的宽窄可以表达不同的情绪。窄开本的书显得俏，宽开本就有驰骋纵横之感，标准化的开本会显得四平八稳。要根据书在内容上的需要来选择开本。而从印制或使用的角度说，篇幅多的图书要选用大的开本，否则页数太多，不易装订。

①诗集，一般采用狭长的小开本。合适、经济且秀美。诗的形式是行短而转行多，读者在横向上的阅读时间短，诗集采用窄开本是很适合的。相反，其他体裁的书籍采用这种形式则要多加考虑，同时需考虑纸张的使用。

②经典著作、理论书籍篇幅较多，一般都放在桌子上阅读，可以用较大的开本，常用的有大 32 开或面积近似的开本。

③高等学校的教材因为内容很多，又常常需要大图大表来解释，过去多采用大开本，如 16 开，但作为学生阅读则显得有些大了，因此现在很多都改为大 32 开本。

④小说、传奇、剧本等文艺读物和一般参考书，一般选用小 32 开，方便阅读。为方便读者，书不宜太重，以单手能轻松阅读为佳。类似的现代文学艺术丛书体积较小，但字体大小适中，柔软的封面又便于手拿。因开本较小，价格也较便宜，贴近大众，有相当的读者群。

⑤青少年读物一般是有插图的，可以选择偏大一点的开本，这样可以使图印大一些，充分体现图的优势。

⑥儿童读物因为有图有文，图形大小不一，文字也不固定，文字量一般较少，因为儿童的视力问题，印的字号会大一些。由于所绘的图画以方形的为主，因此可选用大一些接近正方形或者扁方形的开本。

⑦字典、词典、百科全书等有大量篇幅的工具书，往往分成 2 栏或 3 栏，需要较大的开本，如 16 开。小字典、手册之类的工具书，需要随身携带查阅的，开本选择 32 开以下的开本。

⑧图片和表格较多的科学技术书籍注意表的面积、公式的长度等方面的需要，既要考虑纸张的节约，又要使图表安排合理，一般采用较大和较宽的开本。

⑨画册是以图版为主的，先看画，后看字。由于画册中的图版大多有横有竖，常常互相交替，既要把有横有竖的图片安排得当，又要充分利用纸张，

因此通常采用近似正方形的开本，才更经济实用。中国画的画册以狭长的条幅形式居多，采用长方形的开本。

以绘画、摄影、文物图片为主的画册，以欣赏、收藏为主，为了充分展示画面的艺术魅力，一般要把画和照片尽可能印大一些，画册的文字很少，有些只是画或图片的标题，采用大开本设计，能够很好表现画和照片视觉上丰满大气，适合作为典藏及礼品书籍，有收藏价值，但需考虑到成本的节约。因此画册采用16开本、12开本、10开本甚至8开以上的开本，精致的画面翻阅起来雍容华贵、落落大方。

⑩乐谱一般在练习或演出时候使用，一般采用16开本或大16开，最好采用国际开本。演奏用的乐谱一般要尽可能用大的开本，这样在演奏时不必时时翻页。

2. 读者对象

读者由于年龄、职业等差异对书籍开本的要求就不一样，如老人、儿童的视力相对较弱，要求书中的字号大些，同时开本也相应放大些；青少年读物一般都有插图，插图在版面中交错穿插，所以开本也要大一些；再如普通书籍和作为礼品、纪念品的书籍的开本也应有所区别。

3. 成本的因素

从出版的愿望来说，总希望把出版物的开本设计得美观大方一些，但另一方面，出版物又是商品，商品总是要销售的，所以成本也是需要考虑的因素。有时，美观大方与成本两方面的要求是互相矛盾的，这就要有所取舍。一般说来，正开法的开本便于机械化折页装订，适合大批量生产，有利于降低生产成本。畸开法的开本尺寸可以满足一些特殊幅面的要求，但一般的折页机可能折不了，需要手工操作，这样一来书刊的成本就会高一些。如果是高档出版物，如画册、图册等，成本因素要让位于装帧美观的需要，使出版物显得有个性，这时可选用畸开法。如果是普通出版物，美观的需求要让位于成本因素，还是采用正开法好。

4. 原稿篇幅

书籍篇幅也是决定开本大小的因素。几十万字的书与几万字的书，选用的开本就应有所不同。一部中等字数的书稿，用小开本，会有浑厚、庄重的效果，反之用大开本就会显得单薄、缺乏分量。而字数多的书稿，用小开本会有笨重之感，以大开本为宜。

5. 沿袭

从大量出版物开本的使用可以看到这样一种规律：一般的图书多用32开，期刊多用16开，袖珍一类工具书则喜欢用64开。关于书刊的开本大小，什么样的书刊用什么样的开本，并没有硬性的规定。这就说明，在确定开本大小的问题上，有一种习惯的作法，习惯成自然，既然大家都这么做，自有它一定的道理。绝大部分图书用32开，说明32开的外形尺寸既方便携带，又有一定量的字数容量，所以32开的图书是图书中应用比较普遍的一种。至于期刊，由于字数不是很多，考虑到邮寄方便，在装帧上以简朴为主，采用16开本，机器折页、骑马订都比较方便。现有开本的规格，因为比较经济方便，它的美观也是经过长期实践而延续下来的。

6. 选择开本常见的一些问题

随着印刷技术的提高，过去一些费时费力的开本形式现在也能生产了，根据出版业的繁荣发展，开本形式的多样化是大势所趋，但需要强调的是，开本的设计要符合书籍的内容和读者的需要，不能为设计而设计、为出新而出新。

书籍设计要体现设计者和图书本身的个性，只有贴近内容的设计才有表现力。脱离了书的自身，设计也就失去了意义。

设计开本要考虑成本、读者、市场等多方面因素。设计者不能把自己完全当作艺术家，把书籍装帧当成个人作品，应该说，图书也是一种商品，不能超越这个规律，书籍设计必须符合读者和市场的需要。

在面向读者的基础上，开本设计丰富多样，是一种进步，是令人高兴的事情。只要不是设计者的闭门造车，相信开本无论大小宽窄，都能相宜。

三、图书书脊厚度算法

（一）图书书脊厚度算法

在整个图书封面制作过程中，计算书脊的厚度是非常重要的，如果不计算出书籍的厚度，则无法正确设置封面的大小，也就没有办法设计出一个能够印刷的封面。在计算图书封面时，主要的变数是图书的面数。

在图书出版行业中，书脊的厚度计算公式如下：

书脊的厚度＝印张 × 开本 ÷2× 纸的厚度系数

由于印张乘以开本等于全书的页码数，所以上述计算公式也可以写成：

书脊的厚度＝全书的页码数 ÷2× 纸的厚度系数

这里指到的纸张的厚度系数根据纸张的类型不同而有所不同，所以在计算书脊厚度时，需要与供纸商进行沟通，以便能得到精确的厚度系数。一般说来：胶版纸系数为 1.2~1.4，轻型纸系数为 1.7~1.75。

例如，书刊印刷中，其规格为 16 开本（184mm×260mm）黑白印刷的书籍共有正文 640 页，扉页、版权页、目录页共有 16 页，使用 $50g/m^2$ 书写纸（厚度系数为 0.061），则书脊厚度为：

（640 + 16）÷2×0.061 = 20.008 ≈ 20（mm）

这样的公式实际是经验公式，误差相当大。也有人对此提出质疑，认为提出书脊厚度的计算公式本身并不符合实际操作的情况，纯属纸上谈兵，因为在实际操作中可能没有人真正用过这样的公式，而是找一本相同纸张的书，拿尺子量一下相对页码的书芯厚度就可以设计了。

计算书脊厚度时需要的图书页数就是计算同种纸共多少页，如有不同纸，再计算其他纸的厚度，最后相加得书脊总厚度。

例如，一本书有内页 $80g/m^2$ 书写纸共 240 页，中间有 16 页的 $157g/m^2$ 双铜纸，书脊的厚度可按下面的方法计算：

书写纸厚度：240÷2×0.001346 = 12.92（mm）

铜版纸厚度：16÷2×0.001346 = 1.69（mm）

书脊总厚度： 12.92+1.69 = 14.61（mm）

封面的高度与所选开本对应的高度完全相同，而封面的宽度则需要将正封、书脊和封底三者的宽度尺寸相加，如果还有勒口，则需要将勒口的宽度也计算在内。

要制作的封面（没有勒口）宽度计算如下：

封面的宽度＝正封宽度＋书脊宽度＋封底宽度

要制作的封面（有勒口）宽度计算如下：

封面的宽度＝正封宽度＋书脊宽度＋封底宽度＋勒口宽度×2

由于封面是彩色印刷，所以在设计封面时，要注意在封面净尺寸的周围要多出约为 3mm 的出血值。而这个出血值在一些软件（如 Illustrator CS5）中一般不需要，在计算封面尺寸时可以不必考虑出血值，软件会自动添加，但是设计人员需要知道在制作封面时需要在封面的周围多出这个出血范围。

（二）精装书壳开料尺寸计算

精装书与平装书主要区别就在于书的封面不同。平装书的封面为软封面，精装书的封面为硬封面，称为书壳。书壳通常由三层材料（也有多层的）组成。外层封皮由涂料纸、亚麻、涂布涂层、丝绸、棉纺等材料制成。里层为衬纸，印有实地色、图案或为白衬纸。衬纸与书芯一起订装，将书芯与书壳连为一体。在封皮与衬纸之间是一层厚度为 1.5～3.5mm 的纸板，它由三块纸板拼成。精装书订装的关键就在于书壳的制作，而组成书壳的各部分材料尺寸是否合适直接影响到整书的质量。

精装书分为圆背精装和方背精装。精装书的书壳通常比书芯略大 2～4mm，其大出部分称为飘口。飘口可以起到保护书芯的作用，使整本书显得美观大方。

下面是精装书壳各部分尺寸的计算方法。

（1）中缝。指书壳在展开平放时，封面封底的纸板与中径纸板之间的距离（俗称火线位）。书芯上壳后，中缝位置用来压书槽，起到美观大方、便于翻阅、结实耐用的作用。如果这个尺寸过大，书槽不明显、壳面不紧凑、飘口尺寸增加；如果这个尺寸过小，压书槽的封皮料易爆裂。此尺寸一般为7~10mm。根据经验，圆脊书一般为8mm，方脊书取10mm比较合适（当封面纸板厚度小于2.8mm时，方脊书中缝尺寸可为9.5mm）。

（2）中径。指书壳在展开平放时，封面与封底纸板之间的距离，它包含两个中缝在内。书壳为圆脊时，中径宽为圆脊弧长加两个中缝的宽；书壳为方脊时，中径宽为书脊宽加两个中缝宽；若为方脊假脊时，中径宽为书脊宽加两个中缝宽再加两张封面纸板厚度。

（3）中径纸板。在中径的中间位置（书脊位置）有一块纸板称为中径纸板（俗称中心条）。方脊精装书的中径纸板的宽度就是书芯的厚度；若书壳是方脊假脊，中径纸板宽度等于书芯厚度加两张封面纸板厚度再减去0.5mm；圆脊精装书的中径纸板宽度为书脊圆弧长度。由于实际生产中往往是书芯在订装的同时书壳也在制作，此时书脊的圆弧长度无法计算和度量。因此，可以采用一个简便的近似计算方法，即书脊弧长约等于书芯厚度加上6.5mm，按此数据加工出的书壳可以符合质量要求。中径纸板的宽度必须严格计算度量。尺寸小了，书芯放不进书壳；尺寸大了，上壳后书芯与书壳连接不牢，书面不平整。圆脊书和方脊书的中径纸板的长度是相同的，都等于书芯高加上两个飘口的尺寸。

（4）封皮纸板：封皮纸板分前后两块，尺寸相同。在长度上，圆脊书和方脊书相同，等于书芯高加上两个飘口尺寸。在宽度上，圆脊书与方脊书不同，方脊书纸板宽等于书芯宽度减去3.5mm，圆脊书纸板宽等于书芯宽度减去4.5mm的时候，效果比较好。按照工艺和设计要求，中径纸板与封面纸板厚度不一定相同。圆脊书书脊要扒圆，中径纸板较薄，一般为0.5mm左右，前后封面纸板为1.5~3.5mm厚。方脊书壳中径纸板厚度等于或小于封面纸板厚度，在设计时一般按下列原则确定：

| 封面纸板厚度（毫米） | 1.5 | 2 | 2.5 | 3 | 3.5 |
| 中径纸板厚度（毫米） | 1.5 | 2 | 2.5 | 2.5 | 2.5 |

纸板在开料时，一定要顺纹开，即纸板长度（书高）方向与纸板纸纹方向相同。若不顺纹，中径纸板易断裂，壳面纸板受潮变形卷曲影响书的外观质量。

纸板在封皮料上固定后，封皮四边要包边，包边宽度一般为 12 ~ 16mm，考虑到纸板厚度，一般按四边各加大 17mm 计算。在制作书壳时，纸板在封皮料上的位置必须准确，四边居中相互平行。

例如，一本大 16 开本的精装书，书芯高 297mm，书芯宽 210mm，书芯总厚 20mm，封面纸板厚 3mm。飘口：圆脊书和方脊书相等，取 3mm。则，

中径纸板：

圆脊纸板长＝书芯高＋飘口 ×2 ＝ 297 ＋ 3×2 ＝ 303（mm）

方脊纸板长＝书芯高＋飘口 ×2 ＝ 297 ＋ 3×2 ＝ 303（mm）

圆脊纸板宽＝书芯厚＋ 6.5 ＝ 20 ＋ 6.5 ＝ 26.5（mm）

方脊纸板宽＝书芯厚＝ 20（mm）

方脊假脊纸板宽＝书芯厚＋封面纸板厚 ×2 － 0.5 ＝ 20 ＋ 3×2 － 0.5 ＝ 25.5（mm）

中缝：

圆脊取 8mm

方脊取 10mm

封面纸板：

圆脊纸板长＝书芯高＋飘口 ×2 ＝ 297 ＋ 3×2 ＝ 303（mm）

方脊纸板长＝书芯高＋飘口 ×2 ＝ 297 ＋ 3×2 ＝ 303（mm）

圆脊纸板宽＝书芯宽 － 4.5 ＝ 210 － 4.5 ＝ 205.5（mm）

方脊纸板宽＝书芯宽 － 3.5 ＝ 210 － 3.5 ＝ 206.5（mm）

书脊封面料尺寸：

圆脊长＝（封面纸板宽＋中缝宽）×2 ＋中径纸板宽＋包边 ×2 ＝（205.5 ＋

8）×2 + 26.5 + 17×2 = 487.5（mm）

圆脊宽＝书芯高＋飘口×2＋包边×2＝297＋3×2＋17×2＝337(mm)

方脊假脊长＝（封面纸板宽＋中缝）×2＋中径纸板宽＋包边×2＝（206.5＋10）×2＋25.5＋17×2＝492.5（mm）

方脊假脊宽＝书芯高＋飘口×2＋包边×2＝297＋3×2＋17×2＝337（mm）

以上只是对普通精装书书壳开料尺寸的计算分析，实际生产中由于设计要求的不同，书壳形状各异，各部分尺寸也会有些差异，可以根据具体要求计算开料。

第三节 正文设计与排版

实训目标

1. 了解图书正文版式设计应注意的问题；

2. 熟悉图书排版设计；

3. 掌握图书正文排版方法。

实训任务

对带有彩色插页的图书，进行版式设计和排版。要求字体、字号、标题、色彩、网点等符合图书出版和印刷与装订工艺。

一、图书正文版式设计应注意的问题

（一）坚持实用、美观、经济的原则

正文版式设计，离不开"实用、美观、经济"的原则，当然，除了一些古籍和经典理论类读物外，还可以包括"新颖"二字。

（二）版式设计要讲究科学性

好的版式设计应充分考虑读者的生理和心理特点。如考虑到人的视觉功能特点，图书文字的行长应以 80~100mm 为宜，相当于 22~28 个字，而超过 32 个字就容易使人产生视觉疲劳，所以一些大开本的读物往往宜采用双栏甚至三栏排法。行距过小的版式会给人密密麻麻的感觉，容易使人产生紧张感，阅读时易出现串行现象；行距过宽，不但会浪费版面资源，而且会增加读者眼球肌上下纵向运动负担，影响阅读效率。此外，受重力向下的经验影响，人眼感觉的垂直视觉中心点并不在版心的中心位置，而是中间偏上位置；人的主视觉面在横排书打开后。读者的这些阅读心理及生理特征，都是在进行版式设计和版面要素编排时要十分注意的。除此之外，在进行开本和版心尺寸、版面图表的设计时，要尽量接近黄金分割比例。

（三）版式设计要有针对性

版式要依据图书类型和读者对象的不同而有所区别，例如，严肃的政治理论读物，版式不可过于活跃；儿童读物的版式不宜偏于刻板；目标读者群体为低龄或高龄读者的图书版式，正文字号的选用不可小于17级；非连续性阅读的双栏排法的工具书类，字体可小于13级，多栏排法的可用11级等。

（四）版式设计要注重艺术性

在版式设计时，要遵从一些公认的艺术法则。比如，处理好统一和变化的关系，既要讲求均衡、整齐、有序，也要注意避免刻板而无生气。虚实有度，充分重视空白部分对版面美感的调节作用；空白过少，气促而壅塞，让读者读着累；空白太多，气懈而散，涣散阅读情趣。其他如节奏与韵律、反差与和谐、对比与比例、对称与均衡等都是常被人提及的版式设计艺术规律。对于这些，若能做到善于运用和运用得当，则不仅可见一个编辑的职业功力，更能体现出其独立的文化特性。

（五）版式设计要考虑印装工艺的实现能力

在版式设计时，尽量避免落入"想得好但做不到"的设计陷阱。如，裁边出血设计时，没留足3mm切口或图文尺寸过于靠边，成书时才发现有效内容被裁掉；设计了较大面积的实地色块，但为节省成本而使用低等级的纸张，印刷中纸面脱落的纸毛形成了灰白点，不但不美观，而且影响读者对图书的正常阅读。

二、图书的排版设计

图书版面设计经过几百年的发展进化，目前几乎已经成为一种定式。但是图书排版设计是受到印刷工艺和排版设备的强烈约束的，只要采用了新的工艺，版面设计就要有一个很大的变化，因此在计算机排版系统介入以后，版面设计的变化可谓翻天覆地，各种以前实现不了的排版方式频频出现。

但相对这些新的排版样式，大部分图书的版面设计显得有些墨守成规，更多是进行简单的排版。不过，新设计样式也大多是以这些简单的排版为基础的，因此简单的排版设计也值得认真地研究探讨一下。

在版面设计中以下七大要素是很重要的：图片、文字、颜色、版式、网格系统、视觉流程和形式感法则。

（一）图片

图片的制作现在变得非常容易了，不仅由于数码相机、扫描仪等图像获取设备的价格低廉，而且在图像处理上，通过图像处理软件对图片进行加工也已经不是专业人士需要多年经验才能实现的了，当然，有经验的操作人员可以得到更好的图像质量。从复制上讲，贯穿数字工作流程的色彩管理已经能够保证印刷品的颜色基本与原图片一致，因此图片在版面设计中利用得非常广泛。甚至有人说，我们已经进入了读图的年代。这就是说时代的发展、信息量的爆炸，已经不能那么容易使读者静下心来读入文字。图片的使用虽然不至于到了要替代文字的地步，但在图书中所占的比例正迅速增大。

现在的印刷技术可以利用图像处理软件如 Photoshop 将图片处理得非常完美。包括画面剪裁、图片合成、偏色处理、反差和影调、虚实、局部处理、质感、特效，其中很多项目已经偏重于设计的手法。

正是由于图像处理过程中非专业人士的增多，手绘在一般的设计中运用得偏少，多作为插图出现。但它又有着一般照相机所达不到的效果，我们可以强化照片无法体现的细节、个性、场景等特征，深具说服力和表现力。同样，一些卡通的表现也能使版面显得更加生动，譬如现在很多公共场所能够看到的手绘涂鸦，给人的感觉就比较活跃，不那么死板。

在版面设计众多排版元素中，图像更能吸引读者的注意，说明图片在版面中起的作用很大，是使版面生动不可缺少的元素。

（二）文字

大部分图书仍以文字为内容的主要载体。文字的主要功能是在视觉传达中向大众传达作者的意图和各种信息，文字排版的根本目的是为了更好、更有效地传达作者的意图，表达图书的主题和构想意念，要达到这一目的必须考虑文字的整体诉求效果，给人以清晰的视觉印象。因此，文字排版应避免繁杂零乱，使人易认、易懂，切忌为了设计而设计，忘记了文字排版的根本目的。

1. 文字设计

文字设计是图书设计的重要组成部分，在版面设计中要根据文字在页面中的不同用途，运用系统软件提供的基本字体、字型，用图像处理和其他艺术字加工手段，对文字进行艺术处理和编排，以达到协调页面布局，更有效地传播信息的目的。在计算机普及的现代设计领域，文字设计的工作很大一部分由计算机代替人脑完成了。在很多平面设计软件中都有制作艺术字的功能，并且提供了数十、上百种的现成字体。但设计作品所面对的观众是人脑而不是电脑，因而，在一些需要涉及人的思维的方面，例如创意、审美之类，电脑始终不可能替代人脑来完成。

文字设计不仅是文字字体的设计，在出版物中，更重要的是使文字内容按视觉设计规律加以整体的精心安排。文字排版是图书生产与实践的产物，具有悠久的历史，经过几百年、几千年的演变，是随着文明的发展而逐步成熟的。过去曾经把文字设计和排版列为单独的一门学科，称为排版学（Typography），其主要研究对象是如何通过文字字符的设计和排版，使版面具有美感。

2. 文字排版

信息传播是文字排版的一大功能，也是最基本的功能。文字排版重要的一点在于要服从表述主题的要求，要与其内容相吻合，不能相互脱离，更不能相互冲突，破坏文字的诉求效果。应该注意任何一条标题、一种字体都是有其自身内涵的，要将它正确无误地通过文字排版的方式传达给读者，否则将失去它的功能。在画册中，文字块的形状也会在整个版面中形成轻重不同的质感，通过仔细设计后所形成的文字块往往具有明确的倾向，好的文字块能够更精准地传达内容。

　　文字排版的成功与否，不仅在于字体字号的选择，同时也在于其排列的方式，也就是排法是否得当。如果版面中文字排列不当，拥挤杂乱，缺乏视线流动的顺序，不仅会影响版面的美感，也不利于读者进行有效的阅读，就难以产生良好的视觉传达效果。要取得良好的排列效果，关键在于找出不同字体之间的内在联系，对其不同的对立因素予以和谐的组合，既保持其各自的个性特征，也取得整体的协调感。为了造成生动对比的视觉效果，可以从风格、大小、方向、明暗度等方面选择对比的因素。

　　从风格、大小、方向、明暗度等方面选择协调的因素，可以使版面达到整体上组合的统一。在服从于表达主题的需要下，有分寸地运用对比与协调的因素，既能造成对比又能产生协调，产生具有视觉审美价值的文字组合效果。

　　文字排版要考虑读者的阅读习惯。文字排版的目的是为了增强其视觉传达功能，赋予审美情感，诱导读者有兴趣地进行阅读。因此在排版方式上就需要顺应人们心理感受的顺序。

　　读者的一般阅读顺序大致相同。在水平方向上，人们的视线一般是从左向右流动；垂直方向时，视线一般是从上向下流动；大于45°斜度时，视线是从上而下的；小于45°时，视线是从下向上流动的。

　　不同的字体具有不同的视觉动向，例如：扁体字有左右流动的动感，长体字有上下流动的动感，斜字有向前或向斜方向流动的动感。因此在组合时，要充分考虑不同的字体视觉动向上的差异，进行不同的组合处理。比如：扁体字适合横排，长体字适合竖排，斜体字适合作横向或斜向的排列。合理运用文字的视觉动向，有利于突出设计的主题，引导观众的视线按主次轻重流动。

3. 文字组合

每一本图书都有其特有的风格。在这个前提下，一本图书的版面上各种不同字体的组合，就需要具有一种符合整个作品风格的风格倾向，形成总体的情调和感情基调。总的基调应该是整体上的协调和局部的对比，于统一之中又具有灵动的变化，从而具有对比和谐的效果。这样，整个作品才会产生视觉上的美感，符合人们的欣赏心理。除了以统一文字个性的方法来达到设计的和谐外，也可以从方向性上来形成文字统一的基调，对于要彩色印刷的图书来说，还可以通过色彩方面的心理感觉来达到统一基调的效果等。

在文字组合上，除字体本身所占用的画面空间之外还有空白，即字间距及其周围空白区域，有人将其称为负空间。文字组合的好坏，很大程度上取决于空白空间的运用是否得当。字的行距应大于字距，否则观众的视线难以按一定的方向和顺序进行阅读。不同类别文字的空间要作适当的集中，并利用空白加以区分。为了突出不同部分字体的形态特征，应留适当的空白，分类集中。

在有图片的版面中，文字的组合应相对集中。如果是以图片为主要的诉求要素，则文字应该紧凑地排列在适当的位置上，不要过分变化分散，以免因主题不明而造成视线流动的混乱。

总的来说，在设计过程中，创意是核心。创意是设计者的思维水准的体现，是评价一件设计作品好坏的重要标准。在现代设计领域，有创意的设计作品应是大力推崇的。

（三）颜色

如今，彩色印刷已经不再成为图书印刷在成本和制作周期等方面的考量，印刷用纸也不再成为彩色印刷的障碍。因此，越来越多的图书采用彩色印刷，版面色彩的运用也成为版面设计的主要课题之一。

随着自然科学的发展，从物理和心理上都已经建立了一系列的色彩理论。这种规律也是美术编辑版式色彩设计的向导和指南。色相、明度、彩度，是版面色彩的基础要素。按色彩学的规律有序地组织版面上的图片、插图、标题等，形成和谐的版面色彩结构，有助于更好地表现图书的内容。色彩运用有高雅低俗之分，这需要版式设计者有良好的素养。不过，色彩设计还是有一些定规的，例如：

（1）运用相同色系色彩：所谓相同色系，是指几种色彩在360°色相环上位置十分相近，在45°左右或同一色彩不同明度的几种色彩，这种搭配的优点是易使页面上的色彩趋于一致，对于版式设计新手有很好的借鉴作用，容易塑造版面和谐统一的氛围；缺点是容易造成页面的单调，因此往往利用局部加入对比色来增加变化，如局部对比色彩的图片等。

（2）运用对比色或互补色：对比色是指色相环相距较远，在100°左右，视觉效果鲜亮、强烈，而互补色则是色相环上相距最远的两种色彩，即相距180°，其对比关系最强烈、最富有刺激性，往往使画面十分突出。这种用色方式容易塑造活泼、韵动的版面效果，特别适合体现轻松、积极的内容的图书；缺点是容易造成色彩花哨，应注意色彩使用的度。

值得注意的是，以上两种用色方式在实际应用中要注意主体色彩的运用，即以一种或两种色彩为主，其他色彩为辅，不要几种色彩等量使用，以免造成色彩的混乱。

（3）使用过渡色：过渡色能够将几种不协调的色彩统一起来，在版面中合理地使用过渡色能够更好地实现色彩的搭配。过渡色包括几种形式：两种色彩的中间色调、单色中混入黑、白、灰进行调和以及单色中混入相同色彩进行调和等。

根据版面内容的主题，要确定版面的整体色调倾向，就形成版面的主调。只有在既定的色调中去变化与组合，才能发挥色彩的威力，使不同的颜色在版面上活跃起来。

（四）版式

版式设计就是在版面上将有限的视觉元素进行有机的排列组合。将理性思维个性化地表现出来，是一种具有个人风格和艺术特色的视觉传送方式。在传达信息的同时，也产生感官上的美感。版式设计的范围涉及报纸、刊物、书籍（画册）、产品样本、挂历、招贴画、唱片封套等出版物设计的各个领域。

（1）思想性与单一性。排版设计是为了更好地传播信息。一个成功的排版设计，首先必须明确读者的目的，并深入了解、观察、研究与设计有关的方方面面。在设计开始时向责任编辑进行简要的咨询有助于设计能够顺利进行。版面离不开内容，更要体现内容的主题思想，用以增强读者的注目力与理解力。只有做到主题鲜明突出、一目了然，才能达到版面构成的最终目标。

（2）艺术性与装饰性。为了使排版设计更好地为版面内容服务，要寻求合乎情理的版面视觉语言，最佳地体现诉求。构思立意是设计的第一步，也是设计作品中所进行的思维活动。主题明确后，版面构图布局和表现形式等则成为版面设计艺术的核心，也是一个艰难的创作过程，使版面达到意新、形美、变化而又统一，并具有审美情趣。排版设计是对设计者的思想境界、艺术修养、技术知识的全面检验。版面的装饰因素是由文字、图形、色彩等通过点、线、面的组合与排列构成的，并采用夸张、比喻、象征的手法来体现视觉效果，既美化了版面，又提高了传达信息的功能。装饰是运用审美特征构造出来的。不同类型的版面的信息具有不同方式的装饰形式，它不仅起着排除其他、突出版面信息的作用，又能使读者从中获得美的享受。

（3）趣味性。排版设计中的趣味性主要是指形式的情趣。这是一种活泼性的版面视觉语言。如果版面本来就没有多少精彩的内容，就要靠制造趣味取胜，这也是在构思中调动了艺术手段所起的作用。版面充满趣味性，使图书的内容如虎添翼，起到画龙点睛的作用，使文字内容更吸引人、打动人。趣味性可采用寓意、幽默和抒情等表现手法来实现。

（4）独创性。独创实质上是突出个性化特征。鲜明的个性是排版设计的创意灵魂。如果版面单一化、概念化，版面大致雷同，大同小异，人云亦云，那就不可能给读者留下深刻印象，更谈不上出奇制胜。因此，要敢于思考，敢于别出心裁，敢于独树一帜，在排版设计中多一点个性而少一些共性，多一点独创性而少一点一般性，才能赢得读者的青睐。

（5）整体性。排版设计是传播信息的桥梁，所追求的完美形式必须符合主题的思想内容，这是排版设计的根基。只讲表现形式而忽略内容，或只求内容而缺乏艺术表现，版面都是不成功的。只有把形式与内容合理地统一，强化整体布局，才能取得版面构成中独特的社会和艺术价值，才能解决设计应说什么、对谁说和怎样说的问题。

（6）协调性。版面的协调性就是强化版面各种编排要素在版面中的结构以及色彩上的关联性。通过版面的文字、图像之间的整体组合与协调性的编排，使版面具有秩序美、条理美，从而获得更好的视觉效果。

版面设计要讲究形式与原理。美的形式原理存在于图书设计的各个方面。好的版面设计必须遵循这些形式原理，将美融汇于设计中。形式与原理是相辅相成、密不可分的。通常情况下，这些形式和原理是既对立又统一地共存于一个版面之中的。

①重复与交错。重复指的是在排版设计中不断重复使用的基本形或线，它们的形状、大小、方向都是相同的。重复使设计产生安定、整齐、规律的统一。但重复构成的视觉感受有时容易显得呆板、平淡、缺乏趣味性的变化，因此要在版面中可安排一些交错与重叠，打破版面呆板、平淡的格局。

②节奏与韵律。这来自于音乐概念，为现代排版设计所吸收。节奏是按照一定的条理、秩序、重复连续地排列而形成的一种律动形式。它有等距离的连续，也有渐变、大小、长短、明暗、形状、高低等的排列构成。在节奏中注入美的因素和情感，也就是个性化，就有了韵律，韵律就好比是音乐中的旋律，不但有节奏而且有情调，能增强版面的感染力，开阔艺术的表现力。

③对称与均衡。两个同一形的并列与均齐，实际上就是最简单的对称形式。对称是同等同量的平衡。对称的形式有：以中轴线为轴心的左右对称、以水平线为基准的上下对称、以对称点为源的放射对称、以对称面出发的反转形式。其特点是稳定、庄严、整齐、秩序、安宁、沉静。

④对比与调和。对比是差异性的强调，对比的因素存在于相同或相异的

性质之间。也就是让相对的两要素在互相比较之下产生大小、明暗、黑白、强弱、粗细、疏密、高低、远近、硬软、直曲、浓淡、动静、锐钝、轻重的对比,对比的最基本要素是显示主从关系和统一变化的效果。而调和是指适合、舒适、安定、统一,是近似性的强调,使两者或两者以上的要素相互具有共性。对比与调和是相辅相成的。在版面构成中,一般说来,总的版面要调和,局部版面宜对比。

⑤比例与适度。比例是形的整体与部分以及部分与部分之间数量的一种比率。比例又是一种用几何语言和数比词汇表现现代生活和现代科学技术的抽象艺术形式。成功的排版设计首先取决于良好的比例,常见的有等差数列、等比数列、黄金比等。黄金比能求得最大限度的和谐,使版面被分割的不同部分产生相互联系。适度是版面的整体与局部与人的生理或习性的某些特定标准之间的大小关系,也就是排版要从视觉上适合读者的视觉心理。比例与适度,通常具有秩序、明朗的特性,给人一种清新、自然的新感觉。

⑥变异与秩序。变异是规律的突破,是一种在整体效果中的局部突变。这一突变之异,往往就是整个版面最具动感、最引人关注的焦点,也是其含义延伸或转折的始端。变异的形式有规律的转移、规律的变异,可依据大小、方向、形状的不同来构成特异效果。秩序是排版设计的灵魂,它是一种组织美的编排,能体现版面的科学性和条理性。由于版面是由文字、图形、线条等组成,尤其要求版面具有清晰明了的视觉秩序美。构成秩序美的原理有对称、均衡、比例、韵律、多样统一等。在秩序美中融入变异之构成,可使版面获得一种活动的效果。

⑦虚实与留白。中国传统美学上有"计白守黑"这一说法,这是说,虽然编排的内容主要是"黑",也就是实体,同时需要计较的却是"白",也就是空白、细弱的文字、淡淡的图形或浅浅的颜色。这要根据内容而定。留白则是版面上未放置任何图文的空间,它是"虚"的特殊表现手法。其形式、大小、比例决定着版面的质量。留白的感觉是一种轻松,最大的作用是引起读者的注意。在排版设计中,巧妙地留白,讲究空白之美,可以更好地衬托

主题，集中视线，产生版面的空间层次。

⑧变化与统一。变化与统一是形式美的总法则，是对立统一规律在版面构成上的应用。两者的完美结合是版面构成的最根本要求，也是艺术表现力的因素之一。变化是一种智慧、想象的表现，是强调种种因素中的差异性方面。变化造成视觉上的跳跃。统一是强调物质和形式中种种因素的一致性方面，最能使版面达到统一的方法是保持版面的构成要素要少一些，而组合的形式却要丰富些。统一的手法可借助均衡、调和、秩序等形式法则。

版式具体到图书的排版，就是版面布局，是图文间的相互关系。即使没有配图，文字的排版也有很深的学问。一般来说，图书的内页布局一般比较简单，内页采用一栏式版面布局。对特殊情况下，大开本可以考虑双栏。

（五）网格系统

网格系统就是在书页上按照预先确定好的各自分配文字和图片的一种版面方法，又称网格设计，也有人称为标准尺系统、程序版面设计、比例版面设计等，无论名称是什么，其本质就是创造一套构造"纸空间"的结构，从而将元素建立在结构当中。网格系统与传统版面设计还有自由版式相比，显然是以一种完全不同的设计原则为基础的，它更加重视比例感、秩序感、节奏感、连续感、清晰感、准确性和严密性。

排版网格是由一系列垂直和水平的轴线构成的二维结构，它用来使内容结构化。当使用得体时，网格可以成为以合理的、自觉的、自然的方式组织文本和图片的支架。网络会产生韵律、秩序和连贯，经常被用来更好地预见信息将被放置在哪里，以及使创意变得理性化。图像元素必须快速而有序地合并时，也可以使用网格。

网格在一个固定的二维结构中，可以让排版元素精确地定位。网格是内容之前的先决条件。挑战是在于内容将被构建在其中的网格，和内容的主要特征之间找到合适的平衡。也有人说网格破坏创造力，不过，使用好了网格就是一个强大的框架，可以让设计者做出完美、精确的设计。

在基于网格进行设计时,可以从空白画布或白纸开始,用一般的布局规则和公式(比如黄金分割、三分法等)把版面分成适宜的部分,并且选择内在的、令人满意的页面和分栏比例。最后,通过对外边距进行试验来创建一个完美的、动态的排版结构。在排版时只要把内容填充到网格结构,用内嵌在网格中的严格规则来限制设计,即可实现快速、高效进行排版设计的目的。

网格容易产生平衡的构图,自然在美学上更令人喜欢、更好用,也就能更好地引导读者阅读使用。在把技巧、感觉和网格这三者融合在一起进行设计时,就会出现一种与众不同的统一效果。网格系统的建立就是在大量的不变因素与可变因素之间寻找平衡。

(六)视觉流程

视觉流程是一个视觉传达过程,即从视觉注意力的吸引,产生视觉生理的舒适,到引起心理的美感与判断这样一个过程。图书装帧就是用版面中的图形、色彩、文字形象等要素经过一定的组合来吸引读者,产生激起人们美感的气氛,满足人们的审美情趣,使人们在美好享受中接受某种信息。

①视觉中心。视觉中心就是指在版面上对比最强的地方。由于眼球只能产生一个视觉焦点,所以人们看一幅作品首先注意到的往往是最吸引人的地方,而居于画面中部的图形、大幅的图、鲜艳的色彩等,都容易成为画面的视觉中心。在画面中部的图形即使图形面积不大,但会与画面周围的空间形成强烈的虚实对比,在视觉上占有优势,使之形成视觉焦点;画面中大面积的图形即使不在画面中部的位置,也可以以其强大的图形、色彩等与周围形成鲜明对比,产生较大视觉冲击力,形成视觉焦点;画面形象突出、对比强烈的图形容易形成视觉焦点。由于人们在长期的生活中所形成的视觉习惯,视觉注意力是不均衡的,是有差异的。

在不同的视域中,注意力价值不同。版面的上部比下部价值高,画面的左侧比右侧注目价值高。在版面设计中要注意将最重要的信息、最易形成视觉焦点的元素安排在注意力价值高的位置。

②视觉流程。人的视线在画面上的流动有较为固定的模式，即从左到右、自上而下流动。人们在观看平面作品时，也有一个视觉流动顺序，即首先表现为快速浏览整个画面，以形成一个初步的整体印象，接着视线就会被画面中最吸引人的某一点所吸引，这一点就是观察者最感兴趣的内容，也是画面的视觉焦点，随后视线沿着画面中各要素的强弱变化而作有序的移动，最后通览整个版面。这一过程就是设计的视觉流程。

视觉运动具有由强到弱的特点，人们的视线总是首先被强烈的视觉焦点吸引，不管视觉焦点处于何处，都可以成为视线的开始，然后按照视觉物象各构成要素刺激程度的不同由强到弱地流动，引导视线的顺序。成功的版面设计可以通过诱导因素左右人们的视线，使读者的视线按照设计意图以一定方向进行运动。视觉流程是感觉而不是公式，一个编排优良的视觉流动程序应当符合人们认识过程的心理顺序和思维发展的逻辑顺序，它最终给人的是自然的、流畅的视觉导向。

③版面编排设计的类型。要有效地利用版面空间，引导读者的视线，提高自身的价值。版面编排有以下几种类型：

a. 标准型。标准型构图具有较强的安定感，视线会由上而下顺序流动。插图在版面上方，其次是标题，然后是文字内容。利用插图引起人们的兴趣，接着利用标题诱导读者注意其文字内容，进而获得一个完整的认识。这种类型的编排设计在版面设计中用得较多。

b. 图文分置型。常见的有上下分置和左右分置两种对称的编排形式。后者的图置于画面的左边（或右边），在版面上形成左右两部分。这种编排类型十分符合读者视线的流动顺序。

c. 斜置型。这种构图全部主要构成要素向左边或右边倾斜。这是一种强有力的、带有运动感的构图，视线因倾斜角度由上而下或自下而上地流动。由于视觉心理的原因，一般版面构成要素大多是向右略微倾斜，这样更符合人们的视觉习惯，能增加易见度，使版面产生一种活泼感。

d. 全图型。整个版面以图为主，或者图占据整个版面作为背景。图可以是彩色的或黑色照片以及各种绘画、图案、肌理、效果等，文字的标题、文字内容置于其上。

e. 文字型。以文字为主，以图为辅，出版物多为这种类型。常用于表现重要的、抽象的内容。文字型的构图要讲究字体的编排和设计，在设计上可将部分文字或局部文字变化为美术字体，组成字体图案；在字体编排上要做到井然有序、可读性强，同时又富于变化。

f. 直立型。也称竖分割型，文字和图样一般多采用竖排形式。

g. 散点型。又叫做焦点分散，将版面元素做有变化的编排，但总体协调统一，给人别具一格的视觉效果。

h. 交叉型。这种类型较为轻松活泼，版面元素可以水平交叉也可以垂直交叉，也可以对角线交叉或近似对角线的交叉。交叉双方可以处于同一平面，也可以互相重叠，以增加版面的空间感和视觉深度，其交叉点就成为版面的视觉焦点。

i. 棋盘型。这种类型在编排时将版面全部或部分按棋盘式分格安排，使版面全部或部分分成若干等量的方块，这样具有明显的区域性。这种编排适宜用于版面上许多分量相同的单元。

j. 水平型。这种编排类型是把图片或文字水平地置于版面中，构图稳定而平静，读者视线在画面左右移动，能在瞬间捕捉重点。这种构图形式更符合人们的视觉习惯，并且给人一种新颖别致的感觉。构图时构成要素要求简洁明快，尽量保持横向的视觉方向。

（七）形式感

形式感指图书的外观形式对人产生的感受和感染力。无论是抽象的还是具象的，它由形状、色彩、结构的关系所形成的形式特征，在诉诸于视觉后，能引起显著的心理反应的，形式感就比较强。

具体页面的排版布局要能够达到一种协调的状态，才能具有强的形式感，所以，不能只考虑页面的内容的排版，而忽视了页面的形式的重要性。如果整个页面的形式感很差，就会严重影响读者的阅读心情。同样，假如不顾文字的内容，只顾页面的形式，尽管页面再漂亮，读者也不会欢迎，因为通过阅读他们无法获取到有用的信息，无法达到阅读的目的。

好的形式是促进读者获取信息的辅助物，不是对象。只重形式就像是买椟还珠。所以版面设计就要找到这两者的一个切入点。选好这个切入点很重要，在仔细考虑图书的题目之后再进行展开，然后做出草图来对比不同的形式之间的优劣，从中选出一个来进行最终的设计。设计的同时要不断地进行排版布局的调整，一旦发现两者之间有不够协调的地方，就要不断地进行修改，对照自己的设计构思。这样才能制作出令人满意的版面来。

三、图书正文排版

图书正文排版，就是把文稿、图稿转变成可印制的胶片或将定版后无改动的电子文件（复制到存储介质上或采用远程传输方式）传递给印刷企业。整套排版程序包括：版式设计、文字录入、插图备制、图文合一、校对、改样、出胶片或拷贝等。排版是图书印制工作的第一道环节，也是最基础的环节，其质量直接影响图书的成品质量。

（一）正文排版的基本要求

1. 全书版式统一

（1）版心、行距要统一。

（2）各级标题的字体、字号、占行要统一，占行的标题不能背题。

（3）页码的字号、位置、字体（不含辅文）必须统一。因为页码位置是判定拼版、印刷、折页等印装质量的依据。

（4）表格形式、表文、表注字体及字号要统一。

（5）图注的字体、字号要统一。

2. 插图的排法

（1）超过版心范围的较大插图可考虑横排，双页面的图下注解文字要放在订口（双码订尾），单页面的图下注解要放在切口（单码订头）。

（2）图宽占不到版心一半时，图旁应串排文字，以节省版面；图宽超过版心的三分之二，应居中排，图旁可不串文字。设计出血插图是为使版面看上去新颖，而且图可做得大些，以便显得醒目。

（3）图注宜使用小于正文的字号，应排在各图下方的同一位置。

3. 表格的排法

（1）表格上下线为粗线，其余用细线。

（2）超版心宽的表格可卧排。卧排表格时，双、单页码面的表头排放位置应遵循"单码订头，双码订尾"的原则。

（3）超出页面的表格可跨面排，但注意应在分栏处分拆。

（4）表格在一面排不下时，可接排在下一面，称为续表。每面都应排表头，并在表头的一侧上方排"续表"二字。

（5）表中的数字要以个位对齐。表中的内容尽量不要紧贴表线。

4. 插页的排法

插页和插图的区别是，插图编进正文折手当中，而插页则需要单独印装，费工耗时且会增加成本。使用插页时要注意以下两点：

（1）将插页集中在书前或书后，至少应在拼版的各印张之间，以减少割页，节省时间和成本，保证装订质量。

（2）折叠次数较多的大幅插页，应单独附在书外，用塑封或腰封等方式配套。

5. 辅文的排法

正文前的内封、版权页、编委名单、序言、前言、目录等，必须单独编页码，正文的后记、附录、参考文献等可以延续正文页码，也可以单独编页码。除延续正文页码的辅文外，其余辅文的页码应与正文页码在字体和页码格式上有所区别，以免在排版时出错。

6. 书眉的排法

横排书的书眉多位于书页上方。书眉放页码的要注意随文变化，要遵从"双码大，单码小"或"双码远，单码近"的原则，即层级高、与内容远的标题排在双码页，层级低、与内容关系近的标题排在单码也页，一般是双码页的书眉排书名。校对中要注意，双、单码有变化时，书眉内容亦应作相应变动。未超过版心的插图、插表应排书眉，超过版心的可不排书眉。

7. 版面禁则

（1）行头禁则。段落起排需前缩两字，开头不得出现标点符号（前引号、前括号、前书名号等除外）。

（2）行尾禁则。每行末尾不能出现前括号、前书名号和前引号。文字不足两行的，尽量不要单独占一面。

（3）分割禁则。分子式、百分比、温度值、省略号、破折号等不应在行间分割。

（4）标题禁则。二级以上的标题下的本页随文不应少于三行，三级标题下的本页随文不应少于一行。背题可以通过减字缩行或局部疏排和密排等方式消除。

（5）表格禁则。除跨页的插表外，表格一般不得超出版心；表线的长度不得短于表的内容；表格两侧可以开口，但必须加底线；换页的接排表间不得夹排其他内容；满页表格可以不排页码，但须占页码顺序；跨页单独印粘的插表可不排序页码；卧排表格的页码应尽量与全书页码的位置一致。

（二）汉字字号的换算

在西方，人们习惯用"磅"来表示图书排版的字身或字母的大小，而我国则一般用字号来表述。印刷业采用的有号数制、点数制和级数制。

1. 号数制

号数制将汉字的字身大小定为 7 个基本等级，从大到小按照一、二、三、四、五、六、七排列。为解决在实际需要时字身大小变化不够丰富的问题，在字号各级中间又增加了一些级别，如小于四号字又大于五号字的小四号字等。

2. 点数制

点数制是国际通行的印刷字型大小的计量单位，源于英文"Point"（点）的译音，一般用小写英文字母"p"表示，俗称"磅"。

3. 级数制

级数制是随着手动照排机的出现而实行的一种字身大小的计量制。手动照排机是用镜头齿轮控制字型大小，每移动一个齿变化 0.25mm，因此规定 1 级 =0.25mm，则 1mm 正好能容纳 4 级。现在的计算机激光照排系统在字型大小上基本采用级数制。

4. 汉字字身大小三种不同制式的换算关系

汉字字身大小不三种同制式的换算关系如表 1–5 所示。

表 1-5 汉字字身大小三种不同制式的换算关系

字号	初号	小初	一号	小一	二号	小二	三号	小三
点数	42	36	26	24	22	18	16	15
级数 mm	14.82	12.70	9.17	8.47	7.76	6.35	5.64	5.29
字号	四号	小四	五号	小五	六号	小六	七号	八号
点数	14	12	10.5	9	7.5	6.5	5.5	5
级数 mm	4.49	4.23	3.69	3.18	2.56	2.29	1.94	1.76

第四节 封面与彩插的设计与制作

实训目标

1. 了解彩色印刷品复制的简单原理、彩印工艺设计的基本原理；

2. 熟悉封面设计、彩页设计的常见问题、彩色打样和胶片验收基本方法；

3. 掌握彩页版面的处理原则和基本原理。

实训任务

设计一本书的封面或进行彩色插页设计，同时进行印刷工艺安排，处理彩页设计中常见的问题，并进行打样，对胶片、打样进行验收。

图书除了正文排版外，就书芯而言，不仅仅只有单色一种印刷模式，常见的还有双色或多色书芯的图书。另外，组成一本图书的其他构件，如封面、环衬、彩页等，在大多数情况下都是由至少两种或两种以上颜色印制的。习惯上，我们将印成黑色以外不论是单色、双色还是四色甚至五色的印刷品都称为彩色印刷品。

一、彩色印刷品复制的简单原理

人眼视觉感觉的色可分为两类：第一类为无色，包含从白到灰，再到黑，就像黑白照片那样；第二类为彩色，3种锥状细胞感受到不同比例的三色光线，如色彩斑斓的彩色照片。

需要说明的是，色彩视觉是主观的，对于色彩的敏感程度，人和人之间存在一定的个体差异，但对色彩的评价需要有个客观标准，观色的环境和光源也要有统一的标准。例如，在印刷现场，不能在荧光和钨丝灯光下看打样，而应在标准光源照射下。大家都有这样的感觉：同一张照片在灯光下和阳光下观看时感觉会不同，在荧光灯下和白炽灯下观看时颜色感觉也会不一样。

（一）利用减色法进行色彩法制

减色法，是指按黄、品红、青三原色色料通过减色混合原理成色的方法。彩色的印刷复制就是依据减色法的原理，再用四色印刷的方法。否则，成千上万种颜色，若要一色色地印刷复制，其工作量是非常大和复杂的。

彩色的印刷复制步骤是，先对原稿上的色彩进行分解，将其分解为品红、绿、蓝三色，并进行数字化，再用计算机通过数字信息分解为青、品红、黄、黑四色信息，形成青、品红、黄、黑四色色版，然后再通过印刷时进行色合成，模拟出原稿色彩，最后复制出许多接近原稿色彩的印刷品。

在印刷复制过程中，印刷机在纸上或其他承印物上按照需要印上不同比例的黄、品红、青三原色加上黑色墨，这时，从白纸上反射出红、绿、蓝色光量。换句话说，彩色印刷是利用大小不同的网目调网点，以不同的角度和比例，将四色分别叠印在纸上，从而产生我们所需要的色彩。

需要说明的是，纸张对色彩复制有重要影响，纸张表面越白（如白色铜版纸），反射越强，能印出的色彩范围就越广。

（二）黑版在彩色复制中的作用

理论上，黄、品红、青三原色油墨叠加在一起，便可吸收所有的光波而产生黑色。但实际上，再好的三色墨相叠加也不会完全吸收所有光线，这是因为当黄、品红、青三色油墨结合时，三种油墨吸收的波长并不一致，往往因红光反射较多或因人眼对红色比较敏感，导致最终颜色总是偏于褐色而不够黑；另外，三原色油墨本身的纯度也不可能做到完全没有偏差。为解决这个问题，需在彩色印刷中使用黑墨来进行补偿。

此外，加上黑色墨对彩色复制还有以下几点好处：

（1）提高灰色平衡的稳定性。三原色油墨实现中性灰平衡较为困难，采用底色去除工艺后，灰平衡基本不受彩色模量影响，而主要由黑墨来实现，即加黑能提高灰平衡的稳定性。

（2）增强图像立体感和空间感。三原色油墨叠印后密度最多在

1.6~1.7，而人的视觉暗调辨认密度可达 1.8~1.9。通过加黑增强纸张对光线的吸收，提高画面对比度，增强了图像立体感和空间感。

（3）照顾黑色文字。黑版的阶调表现重点是中间至暗调，加黑能提高画面视觉效果，满足人对黑色文字的视觉要求。

（4）降低油墨成本。加黑后，制版时画面中可去掉一些由三原色墨叠加的灰系列色彩，用比较便宜的黑墨来代替，减少了三原色的用墨量，从而降低成本。

（5）改善提高纸张的印刷适性。黑墨密度高，而三原色墨叠加处被黑墨替代，用墨量降低，避免了墨层在暗调堆积以及加快了干燥速度，可满足现代印刷机高速多色、湿压湿的印刷要求。

（三）网点在胶印呈色上的作用

胶印的四种颜色，承担着表现浓淡不同的层次、千变万化的色彩的任务。而这些连续调的带有层次的印刷品，是通过网点来表现的。用放大镜观察印刷品，就会发现画面是由无数个大小不等的网点组成的。识别网点大小的方法，是用放大镜观看网点面积与空白区面积的比例，这是最简单且最实用的方法。如果在 2 个网点间还能放 3 个网点，其网点密度大致是 10%；能放 2 个网点的，其网点密度大致是 20%；能放 1 个网点的，其网点密度大致是 30%；黑白各半的，网点密度自然是 50%。密度大于 50% 的网点，可以反过来类推。

1. 网点的大小和线数

采用调幅加网方式生成的网点，其大小虽各不相同，它们占据的空间位置却是一样。制版时，通过加网把图像分割成无数个规则排列的网点，即把连续调图像信息变成离散的网点图像信息。网点越大，印出的颜色越深，层次越暗；网点越小，印出的颜色越浅，层次越亮。每个网点所占空间的大小由加网线数决定。如：加网 300Lpi，是指在 1Inch（英寸，1Inch =2.54cm）长度或宽度上有 300 个网点。

网点的空间位置和大小是不同的概念，例如，五成网点的含义是网点大小占单位空间面积的 50%，100% 是指网点大到全覆盖了单位面积内所有空间，也就是常说的"实地"；0% 是指无网点，即绝网，单位面积内为空白，不印油墨。

加网线数的多少，决定图像的精细程度，类似于分辨率，通常用每英寸可排列多少个点来表示网点密度。同样的面积里，加网点线数越高，每个网点所占空间位置就越小，印刷品上能表现的层次就越多、越细腻。

加网线数的设定，要受纸张类别和品质以及印刷机械精细程度等条件的制约。不论是单色印刷还是彩色印刷，都应考虑纸张的性能确定加网线数，以确保印刷品质量。

纸张的平滑度及粗糙度等表面性能决定了其对加网线数的要求也不一样。铜版纸或白度和表面平滑度高的纸张，能再现细网点，网点可设到 200Lpi 以上；高档胶版纸，加网线数可在 133~175Lpi；普通胶版纸，加网线数可在 100~133Lpi；表面平滑度较低的轻型纸和书写纸，加网线数可在 100Lpi 左右；表面粗糙的新闻纸，加网线数在 80Lpi 以下更稳妥一些。这是因为，过高的加网线数在较粗糙的纸上印刷时，在图像的高光亮调区域，由于网点过于细小，在表面不平滑的纸面上不能印上油墨，原本较亮画面区域会变成全白一片，失去高光部分层次；在图像的暗调区域，由于粗糙纸表面吸墨量增多，会致使暗调网点并糊版，也就是黑糊糊一片，失去暗调层次。

从理论上讲，加网线数越高，网点越细，反映图像的层次越多。但在实际印刷中，加网线数超过 200Lpi 就很难印刷了，而必须使用高质量的铜版纸、颗粒细腻的油墨、分辨率很高的 PS 版。设置加网线线数，要考虑印刷和承印物的条件。认为"加网线数越高，产品质量越好"，其实是个误区。

2. 网点的角度

网点的角度是指网点排列方向与图像的水平或垂直直边的夹角。网点的排列方向指网点在视觉上连成一条线的方向。

不同的图像可以设定不同的网点角度。人眼对黄版的感觉相对弱，可以将其定义为最不敏感的 90°；人眼对 45° 感觉最为舒适和敏感，可将单色图文或画面主色调定义为 45°；以人物为主的图片，网线角度可设为：黄—90°、品红—45°、青—75°、黑—15°；而以风景为主的图片，网线角度则为黄—90°、品红—75°、青—45°、黑—15°；单色黑版以设置为 45° 为宜。

经常会遇到这样情况：两种或两种以上的网点套在一起时相互干涉，当干涉严重时，图像会出现俗称的"龟纹"，也叫"撞网"。因此，选择各色的网点角度非常重要。合理排列各色网点角度，能防止各色网点相互干扰，以免产生龟纹。

3. 网点的类型

目前在印刷工艺中使用的网点主要有两种不同的类型：调幅网点（AM Screening）和调频网点（FM Screening）。

调幅网点的密度是固定的，通过调整网点的大小来表现色彩的深浅，从而实现色调过渡。在印刷中，使用调幅网点，主要需要考虑网点的大小、形状、角度和网线精度等因素。

调频网点，就是网点的大小固定，通过控制网点的密集程度来实现阶调。亮调部分网点稀疏，暗调部分网点密集。调频网点的优点是更能体现图像的细节，使图像感觉更平滑，但是用调频网点对印版和承印材料的要求高。

4. 网线的两种视觉混合方式

印刷色是由不同比例的青、品红、黄和黑组成的颜色，所以称为"混合色"更为合理。四种印刷原色都有自己的色版，在色版上记录了这种颜色的网点。这些网点是由网目调网屏生成，调整色版上网点的大小和间距就能形成其他颜色。实际上，印刷品上的这四种颜色是分开的，只是相距很近，受限于人眼睛的分辨能力，得到的视觉印象就是各种颜色的混合效果。

（1）颜色叠加混合。把两种或多种颜色叠加在一起，由于油墨的透明性和各自吸收了不同的原色光，人们看到的是叠加后的混合色。

（2）颜色空间混合。不同的颜色并置在一起，当它们小到人们的肉眼无法将之分辨开时，就会在视觉中产生色彩混合。这种混合称为空间混合。

二、图书美术设计的特点和内容

图书的美术设计要遵循美术创作的一般规律，又必须凸显书籍装帧的特点、风格。它是根据图书的性质和内容，通过艺术构思确立装帧艺术风格，并根据图书装帧的整体需要，规定护封、面封、书脊、底封、环衬、主书名页、插页、辑封等各部分之间的映衬关系；又按装帧艺术创作规律以图片、色彩、文字、纹饰等进行艺术形式的创造。

（一）图书美术设计的特点

（1）从属性与独立性相统一；

（2）文化性与商品性相统一；

（3）艺术性与科学性相结合；

（4）时代特色与民族特色相结合。

（二）图书美术设计的内容

主要是对封面、书壳、护封、环衬、主书名页正面、插图、函套等进行整体艺术形式的设计与加工。

1. 封面和护封——主体工程

它们的美术设计，既能增加图书外形的美观，又能以这种美观所体现的图书整体的审美价值，给人以强烈的"第一审美印象"的视觉冲击。

设计中应凸显图书的性质和主题的内涵，体现独特的风格。

（1）封面设计的要素：

①书名——设计创意的核心。书名在封面上是用无言的、充满形式意味的文字符号向读者发出的无声呼唤。它是书籍的心灵之窗，处于书籍封面设

计的关键部位，集中表达着书籍装帧的功能目标和风格意趣。书名是视觉要点，是读者关注的中心，是表达情感的符号。书籍封面设计都应该围绕着书名的字体、字号、位置、色彩、变化等来展开。

②图案、纹样、图片、色彩的存在是为了烘托书名。

③材料。封面往往采用铜版纸或者特种纸。特种纸具有各种各样的肌理和纹路，纸张的柔软与坚挺、光滑与粗涩、轻薄与厚重，在读者触摸时都对读者的心理产生不同的影响，与视觉感官融合在一起，让读者产生丰富多彩的美感。

④印后加工技术（覆膜、上光、烫印、压凹凸）。印后加工技术往往对书籍印品的最终质量和效果起着非常关键的作用，它虽然不能改变印刷图文的色彩，却能极大地提高印品的艺术效果，赋予印品以新的功能，能成为印品增值和促销的重要手段。

（2）书脊的艺术个性：书脊的设计是封面设计的重要环节。它要像封面一样具有艺术魅力，体现书籍的内容个性，并以其有趣的艺术形式、直观的形象，产生强烈的视觉冲击力和符号意识，使读者过目不忘。

（3）底封设计的把握：现代的立体设计观强调书籍是立体的、多面的、四维空间的，故重视对底封的设计。设计时要注意以下几点：

①与面封设计的统一性；

②与面封设计的连贯性；

③与面封设计的呼应；

④与面封设计之间的主从关系；

⑤充分发挥底封的作用。

（4）勒口的设计：勒，原是指套在牲畜头上带嚼子的笼头。"勒"字有约束之意。勒口在书籍装帧中同样起着"勒"的作用。勒口还具有审美与提供更多信息的作用。

2. 环衬、主书名页、插页、版式等部件的装帧设计都围绕封面，起着补充、映衬、联系的作用

设计要体现自身的结构性的特点及与封面、护封的主次区别，并且必须取得与书籍整体形象保持和谐、一致的审美效果。

（1）环衬的设计——关系、秩序、虚灵的意境。与封面相比，环衬的美是以含蓄取胜。它的设计往往是简约、虚灵的。其设计往往采用以空带实、以静带动、以无纳有、以意驭物的形式。

环衬所用的纸张往往与正文及封面都不一样，它本身的色彩、肌理及设计形式的美固然重要，环衬美感的产生更依赖于它与封面、内封、扉页及正文之间的关系。读者在阅读活动中，封面、环衬、扉页、正文总是依次闯入读者的视觉，环衬与其他要素的关系，是在动态中进行的。正是这种动态的关系，才使环衬焕发出妩媚的风采。

环衬在书籍装帧整体结构链中是不可替代、不可缺少的重要一环。环衬的宁静是对封面喧嚣的净化，环衬的简约是对封面繁复的反叛，环衬与封面之间构成了"虚实相生"的对比关系。

（2）主书名页正面——扉页的设计。扉页的出现是书籍阅读功能与书籍审美功能的需要，也是阅读与审美的必然。它是书籍封面到书芯的过渡，因此，设计扉页要考虑与封面、书芯的前后关系。这种关系包括：一是与封面、书芯的节奏关系；二是与封面、书芯的和谐关系。要求简洁、大方，书名文字明显、突出，其他信息的字体、字号得当，位置有序。

（3）插图与文字的互补作用。精美的插图不但可以丰富书籍的文化内涵和审美品位，还可以增添读者的阅读情趣；不但可以补充文字的内容，而且还可以让文字内容所产生的联想得到延伸。

3. 函套由于其有很强的装饰作用，故其艺术构思除体现于装帧材料的选用及印刷、加工工艺的规定外，还表现在与其相适宜的配饰的设计上

（1）图书函套设计。

图书函套的作用首先是保护书籍。多卷集图书，为了保护及查找方便就用书盒（木质）、书箱进行存放收藏。后来又出现用较厚的纸板作材料，用丝绫或靛兰布糊裱的书套。常见的如意套，设计精巧、合理、实用、收展自如，与书籍的装帧形式十分协调一致，逐渐成为一些经典精装本图书不可分割的一部分。特别是现代新材料的介入和应用，函套的设计对塑造图书的整体形象，反映图书的特有"气质"与品位均起到相当重要的作用。如瑞士装帧设计家卡尔·杜迪赛克的书函设计就极富独创性。他驾轻就熟地运用一切材料，如纸板或牛、羊皮甚至金属的质感，以及一般设计者想象中难以与图书装帧产生联系的结绳、焊接镶嵌等，真可谓"不择手段"地营造出图书的独特品格，使图书成为绝不亚于其他艺术的珍品。

图书函套是图书整体设计中的一部分，在设计中应着重于材料的选择与结构的设计。有人曾作过多种形式结构设计的尝试；一是充分发挥材料质地的表现力（视觉或触觉的肌理）；二是结构的合理（使用方便）和形式具有新意；三是与图书内容相协调。从众多尝试中可以看出，图书函套是图书装帧设计中可塑性很强的部分，有很强的设计潜力。目前，图书函套运用较多的是插入式书函，多是出于制作的简易与成本的低廉，或并非是必须在函套上作特别设计的礼品书等原因。一些出版社为了适应部分读者的新需求专门设计出版了少量的高品位、高质量的礼品书和套书。书函的设计逐步受到重视，增加了书籍的欣赏和收藏价值。

（2）图书函套种类。

函套的种类有书套、纸匣、木匣、夹板等。"书套"以纸板为胎，内粘纸，外贴布，若四周上下六面包严，称"四合套"。在开函处制成月牙状的，称"月牙套"；在开函处制成云状或环状的，称"云头套"。"纸匣"以纸作原料，由内三面书匣与外五面匣套两部分组成，从书匣的纵侧面开启，而在另一固定纵侧面上书写书名、著者、书号、卷、册、函数等。"木匣"以楠木等硬木为材，制成五面封闭匣套，盛书时另用二块木块夹垫在书的上下。"夹板"，系从木匣简化而来，用纸带通过上下两块夹板上的扁孔，将书紧紧系牢。

三、封面设计

（一）色彩的处理和复制

在色彩的处理和复制过程中，要注意以下几个问题：

1. 深底色

青、品红、黄、黑四种颜色总和值最多不得超过 320（平均网点成数控制在 80% 以内），否则将会造成墨不干而出现粘脏现象。

2. 浅底色

青、品红、黄、黑四种颜色的值均不得低于 8%，否则，会因晒版印刷不易控制而使墨色印不出来。

3. 图片分辨率

图片分辨率须达到 350Lpi 以上，以保证印刷的图片清晰。从网络下载的图片分辨率一般仅为 72Lpi，制版后的效果极差，如果一定要用，须将 RGB 色彩模式转换为 CMYK 模式。Photoshop 制作文字，分辨率须达到 600Lpi，这样一来，位图才不会有毛边，同时，黑文字要用 K100 填色。

4. 黑底色

四色的黑色彩填满，油墨会因无法干燥而造成背印和蹭脏。所以满版黑应设定 k100+C30，这样可以使黑色饱和。

5. 色样依据

不能以屏幕或打印稿的颜色来要求印刷色，因为它的复制模式和呈色原理均不同。

6. 黑色的设计规避

相同文件的分次印刷，色彩都会有轻微差异的偏色。特别是深咖啡、墨绿、深紫色等。重版率高的图书和封面要求墨色一致，但须先后印制的套书要在设计时有意规避。

（二）封面勒口尺寸的设计

封面设计要根据图书成品尺寸、书脊厚度及勒口大小来进行设计。设计勒口大小时，在不浪费纸张、便于印刷的情况下，一般可使勒口稍大些。设定封面勒口的尺寸，要基于对纸张规格、开数及印刷机性能的了解，否则会造成纸张的浪费；如果成书要覆膜，还会造成成本的提高。

在实际工作中的正确做法是，依据现有铜版纸的两种规格，以它们对开印刷的有效面积为基本数据，用列表的方式算出常见图书开本和成书尺寸的封面尺寸（含3mm出血），然后计算出各种情况下正度、大度纸的不同开料方式所能容纳的最大封面展开尺寸。在设定开法时，只要加上该书的前后勒口和书脊厚度，对照开料表上的限制尺寸即可。

常见的铜版纸只有正度和大度两种规格。正度纸的对开切净尺寸为780mm×540mm，有效印刷面积为770mm×520mm；大度铜版纸的对开切净尺寸为883mm×594mm，有效印刷面积为870mm×580mm。

当然，封面勒口也不能过窄，过窄会造成勒口卷边，影响正常使用。

图书封面较常用的开法有6开、8开、10开、12开、16开、竖3开等。

四、彩页的设计

彩页是指须用多色印刷的有彩色插图的页面。当图书中的文字对某一特定对象不易描述清楚时，插图就起到了直观、形象的说明作用。一般图书为节省成本多采用黑白插图，而图册和某些有特殊要求的图书则采用彩色插图。彩页按照页面数量和尺寸不同分为：单面图，只有一面有的彩图；双面图，正背面都有彩图；跨页图，即从双码跨到单码，占同一视面内的两面的彩图，在切口边或上下方超出页面尺寸，成品书裁切后不留白边的彩图。

（一）彩页版面的处理原则

1. 先文后图

一般讲，随文的单色插页与正文内容具有较强的关联性，一般应按照"先见文，后见图"的原则。相配的文图应该紧连，至少不能离正文太远，不能超越节题。而彩页由于考虑成本、装订进度和质量，不能随处插放。

2. 彩图的版心尺寸

彩图的版心尺寸原则上应与正文版心一致，也要考虑去除出血口 3mm 后的整体效果。

设计有四边带花边或方框的图片，要与成品裁切线留出至少 5mm 的距离，以免凸显四边不均而影响视觉效果。

3. 彩图的页数

除了上面提到的单面图和双面图外，设计连续页面的彩页，总页面数应是 4 的倍数，即 4 面、8 面、12 面、16 面等，这是为了印刷开料和装订粘页的便利。因为彩页采用两面八色制版印刷，成本高于单黑色印刷，因此，在设计时就要注意页数和成本的关系。有些编辑在书前彩页的页面不够凑整时，为节省成本和便于印装，将扉页、版权、编委名单原属书芯的页面拼在彩页印张内，不失为明智之举。

4. 彩图设计对原稿的要求

用铜版纸印刷的彩页，设计的原稿图最好不低于 300Lpi。所以，从网上下载的图往往因为线数过低而不能使用。而且，原稿图通过网络传输时一定不要压缩。

5. 彩图颜色

需要上机印刷的彩页，只能使用 CMYK 模式印刷用色。

（二）彩页设计的常见问题

彩页设计的常见问题有：

（1）彩色插图页订口、切口尺寸太小（不足 2mm）；或者没有留出订口位置，装订成册时把插图页订在了订口之内，严重影响阅读。

（2）插图的说明文字与图边上下距离设计不合理，有的间距过近（不足 2mm），也有的过远（7~8mm，甚至更多），影响了说明文字的整齐效果。如果采用拼卧图工艺，当说明文字与图边过近（小于 3mm）时，晒版时易造成图边虚花和图边不完整的质量问题。

（3）封一、封二、封三、封四和插图的文字距离切口（或订口）过近（只有 1~2mm），这种设计不仅很难看，文字还可能被裁掉。

（4）封一、封四的"齐色"设计与书的实际厚度不相符，装订成册后出现"齐色"不齐的情况，影响了图书的美观效果。

（5）同一册书的刊头字、头花所用平网底色深浅悬殊，影响全书的装饰效果乃至产品质量。

（6）反白压图题字设计平网底色过浅（网点面积不足 40%），印刷后易与文字混为一体，难以分辨。

（7）黑色（以及各种颜色）压图题字设计平网底色过深（网点面积在 60% 以上），印刷后与底色易于混为一体。

（8）实地底色设置不合理（网点面积为 100%），印刷出的产品底色必然不平，容易透印、拉纸毛、堆墨起脏。根据实验测定。四色叠印的网点总面积不得超过 50%。

（9）多色套印的空心反白文字笔画过细、字太小，印刷难以套准。

五、规范合理的彩印工艺设计

封面和彩页的设计意图，要靠一系列的印刷加工才能实现。下面是一些容易出现的问题和建议：

（1）尽量不去设计尺寸要求严格的"死书背"，要给正文纸张的厚度变化留有余地。封一、封四与书脊设计为不同颜色的"死书背"时，要尽量符合书的实际厚度。

（2）封面设计的四方框线，不要距页边过近，否则成书裁切合理的偏差也会破坏视觉美感。

（3）对插图页订口边无特殊要求时，应留足胶订削铣后不能完全翻开的余量，而切口边应留足裁切量（3mm）。

（4）插图的说明文字应距图边 3~5mm。横竖排版的说明文字与图的四边距离应相等。且不能超过图的宽度。如果说明文字较多，可排成两行以上，并保持行距及与正文的间距一致。

（5）封一、封二、封三、封四及插图文字与切口距离应为 5mm，以免在装订成册时产生误差而被切掉。

（6）同册书的刊头字、头花如铺平网底色，应选相同百分比的网目作底，防止深浅悬殊。

（7）黑色（或深色）压图题字所衬平网的网点面积应控制在 20%~30%，这样既能保证装饰效果，又利于清楚显现。

（8）反白压图的题字，应设计成 60% 以上的网点深色，以保证文字清晰。

（9）使用空心字时，应把字的笔道加宽些，以防止印刷后印套印偏差影响字迹效果。

六、彩色打样和胶片的验收

（一）传统方式晒版用的胶片

感光胶片的材质是塑料薄膜，要求透明、柔软并具有一定的机械强度。

药膜是涂在透明胶片上的感光化学物，由感光的晶体微粒组成，晒版时须将有药膜的一面向下津贴印版，否则会因胶片厚度产生透光影响晒版质量。

胶片有图文的地方是黑色的，胶片边角的编号，标明该胶片是用青、品红、黄、黑中哪一色印刷。如果只印单色（如黑色），就只有一张胶片。专色和封面印后工艺制版用的胶片，一般应单独输出。有的胶片四边有角线和十字线，那是裁切和套印的基准标志。

规矩线的线条要求细、直、清晰。各色印版的规矩线应准确一致。

（二）照排胶片的质量要求

（1）胶片的版式、内容、数量应和终校后签字的付型清样一致并符合设计意图；拼接图要准确，内容须能够衔接。

（2）四色叠加的黑色文字内容只能出在黑版，只能压印，杜绝细笔画的反白字。

（3）封面胶片上的色标、规矩线、测控条、书名、作者名、出版单位名、书号、定价条码应齐全无误。

（4）胶片应表面清洁，无划痕、脏迹、折痕，过渡网要平滑。

（5）胶片的实地密度应大于或等于3.5，片基灰度应小于或等于0.1，网点区域的透明部分应通透。线性化误差应小于或等于2%。胶片上的网点、文字不应有明显的虚边、残缺。

（6）网线数：胶版纸印刷，应大于或等于120Lpi；新闻纸印刷，应大于或等于80Lpi；铜版纸印刷，应大于或等于175Lpi；特别精细印刷品，应大于或等于200Lpi。

（7）网线角度：单色，网线角度为45°；彩色无主轴网点（方型），青、品红和黑版网线角度差应为30°，主色版网线角度应为45°，黄版与其他色版网线角度相差15°；如采用有主轴的网点（如椭圆形网点），青、品红和黑版的网线角度差应为60°，主色版网线角度应为45°或135°，黄色版网线角度为0°。

（8）套准误差：一套胶片的对角线长度误差应小于或等于0.02%。

（9）阶调值总和：四色阶调值总和一定不要超过350%。当阶调值总和达到此极限时，黑版阶调值不应超过75%。

（10）补版要检查套合准确率，若套合有误差，则应重更新全套胶片。

（11）检查胶片尺寸。根据印刷品成品幅面或成书开本尺寸检查胶片尺寸，四边留边一般不得小于 5mm；出血设计的要留足裁切储存；成品线以内多余的角线要清楚。

（三）对打样样张的检查步骤

1. 各种尺寸是否正确

要检查封面的成书尺寸书背的准确尺寸以及封面的展开全尺寸等是否正确无误。亦可借此检验设计者勒口的设定在材料、开法上是否有成本意识。

2. 图像处理是否得当

检查图像的使用和缩放比例是否无误；套书重复使用的图像是否一致正确；图像经裁切后的成品效果是否理想等。

3. 文字与数字是否正确

要逐字核对打样样张上的文字是否正确。即使是经过多次校对的文字，还可能在传输、加工和转换后发生变化。特别是人名、地名等专用名词，这是他人无法把关的。书号和定价等重要数据，要与版权页上的内容专门核对一次。勒口的文字过多时更要认真核对，否则可能会因忽略而导致错误。

（四）打样质量验收常见问题

如果知道传统打样样张会出现哪些"毛病"，就会找到相应的关注点：

1. 套印不准

造成套印不准有机械事故和人员操作不当等方面的因素。

2. 底色或平网墨色不匀

底色或平网墨色不匀，是由于在打样中机械存在某种原因导致摩擦，致使样张存在"墨杠"。

3. 暗调处糊版

造成糊版的原因大致是橡皮滚筒压力过大、油墨太稀、油墨油性过大、加辅料太多或给墨量过大等。

4. 局部堆墨

局部堆墨的大致原因是压力不合格、橡皮滚筒包衬过硬，油墨搅拌不充分或黏度不合适，放入的干燥油过多，以及纸张掉粉等原因。

5. 高光部层次丢失

样张的高光部层次丢失，原因大致有晒版曝光时间不合适、印版供水量偏大、压力不足、材料表面粗糙等。

（五）三种打样方式的比较

样张是印刷品质量控制的重要依据和与客户沟通确认的工具，其作用主要体现在：

（1）打样样张可用来检查设计文件中包含的信息，如字体、图像、颜色和页面设置等是否符合设计意图。

（2）样张经客户签字认同，可作为客户和印刷厂之间的合约，也是印刷时的对照标准。

打样是印前制作与印刷之间衔接的工序，让用户在印刷前能预见最终印刷品效果。目前常用的有传统打样、软打样和数码打样。

1. 传统打样

胶印的传统打样，需要输出胶片和晒版，然后再胶印打样机上完成打样。这种方法目前还在普遍采用，主要原因是打样机是模拟实际胶印方式进行打样，其效果更接近实际印刷效果。

传统打样流程是：先根据输出的胶片晒制印版，在打样机上模拟印刷机进行机械打样；如对打出的样张颜色和套印不满意，可进行版面调整或颜色调整后再重新打样，直至满意，再送客户签样。

传统打样主要有以下优点：

（1）打样印版和印刷印版的制作工艺接近，打样用的油墨也比较接近。

（2）传统打样和实际印刷使用相同的原理，与其他几种打样方法比较，更接近于实际印刷。

（3）在对专色和金属色进行传统打样时，对陷印和不透明油墨的表现良好。

（4）传统打样可使用与实际印刷相同的纸张材料（包括较特殊材料），可以提前检验在此种材料上印刷的成品效果。

传统打样主要有以下缺点：

（1）传统打样需要有专业的技术人员才能获得准确的样张，且劳动强度较大。

（2）传统打样需要较高的投资，设备占地面积相对较大。

（3）传统打样涉及的工序多，成本较高，待样的周期比较长。

2. 软打样

软打样，就是在屏幕上仿真显示印刷输出效果，其特点是效果直观，基本上不损耗材料。软打样是最为便捷和成本最低的方法，是今后打样发展的方向。软打样可以用 PDF 格式通过网络远程传输，对封面图案和文字的核对与确认带来了极大方便。但软打样要求显示器不仅精度高，还须经过色彩校正，一般显示器分辨率仅有 72Lpi，不能为印刷时提供参考依据。而且，软打样在色彩标准与稳定性、可靠性控制方面有难度，客户因此有顾虑，这也是软打样的主要缺点。如果解决了软打样仿真显示器的准确性问题，软打样将会得到广泛普及和迅速发展。

3. 数码打样

数码打样，是把彩色桌面系统制作的页面直接经彩色打样机（喷墨、激光或其他方式）输出样张，以检查印前工序的图像页面质量，为印刷工序提供参照样张，为客户提供可以签字付印的依据。

数码打样的流程：先用数码打样设备输出样张，如果对结果不满意，经过版面或颜色调整后再次输出样张，感觉满意后再送客户签样。

数码打样的优点：

（1）用数字文件直接输出打样，不出胶片和晒制印版，成本低，时间短。

（2）它是数字化印刷发展的前提条件，可作为整个印刷工艺色彩和质量标准。

（3）在色彩系统控制下，各次输出的质量稳定。

数码打样的缺点：

（1）数据文件复制的版权保护问题有待完善。

（2）电脑系统有时不能完全确保文件数据的完整性。

（3）专色和金属色不易准确再现，使用材料的范围较窄。

【书籍整体设计步骤与案例】

书籍整体设计作为关系书稿最终实现效果的重要因素应该遵循一定的程序进行，这个过程大致可以分成以下几个步骤：

1. 接受设计任务

这里讲的领受设计任务不是简单的任务安排与交接程序，而是要强调设计人员在领受设计任务时除了要了解清楚书稿的整体设计要求外，还要对书稿的每一个细节保持敏锐的洞察力。例如，图书主要针对什么样的读者群；成本、定价应控制在什么范围；特别是一定要搞清楚，有没有与书稿相关的禁忌与规定。

2. 研读书稿内容

研读书稿内容非常重要，往往有许多设计人员在工作中不注意对书稿内容的深入了解，经常是看了书稿的标题就开始进行书籍设计工作，这样的结果经常会造成书稿设计方案与书稿本身要表达的实际意图相差较大甚至南辕北辙。设计人员毕竟不是文字作者，客观上设计人员是无法在短时间内，完全领会文字作者全部意图的，因此设计人员对书稿内容的研读应该是逐层深入、循序渐进的。一般采用的顺序是，从书名、前言、目录，到正文的代表章节，依次进行递进式的研读。甚至在条件允许的情况下，同作者进行有效的沟通。

3. 分解并提炼设计重点

当设计人员准确了解书稿内容并明确了作者要求后，就要开始着手提炼书稿的精髓以便形成设计方案。出于职业习惯，设计人员与文字作者往往对书稿内容的理解不能完成全一致，这里的不一致不仅是存在于内容的理解更多地体现在表现形式上的差异。与文字作者利用抽象的文字描述向读者展现内容不同，设计人员则更多采用图像、色彩的排列组合直接对读者的视觉产生刺激从而实现信息传达。设计人员作为一本书最早的读者之一，在将文字信息转化为图形、图像的过程中不可避免地会加入设计人员的主观判断与理解，为了能够准确地提炼书稿的精髓，设计人员一般是采用做减法的方式逐层的剔掉多余的信息，最终掌握住有效传达书稿内容的关键因素。

4. 构思设计方案

当设计人员掌握了书稿的精髓后就可以着手构思设计方案了。一般程序是：首先，确定图书形态、开本、成品尺寸、印色和正文版心尺寸等技术数据；之后，根据书稿结构分层次逐级设置篇、章、单元、小结、正文等主要字体格式；然后设置书稿中出现的栏目，注释等辅助材料格式；最后，在内文格式已经基本定型的基础上开始设计封面。设计人员在构思设计方案时往往会从书稿的内容中提炼出具有代表性的图案、色彩等形象符号，经过重新归纳整理后应用于书稿的整体设计方案中。

5. 修改并确认设计方案

优秀的设计方案是"改"出来的，设计人员之所以区别于一般意义上的艺术家。究其根源是因为艺术设计是一门"实用艺术"，它自产生之日起就受到了各种客观因素的影响，书籍设计更是如此。要想完成一个好的书籍设计方案，设计人员的设计理念固然重要，但同时还要考虑到是否便于后期生产实现、成本定价是否在可控范围、是否符合读者层的认知水平等诸多因素。因此，设计人员应善于听取各个方面的意见并及时对自己的设计方案进行修改与完善。设计方案的修改过程其实就是影响书稿最终效果的各种因素间相互博弈、相互妥协的过程。一个合格的设计人员应该在坚定自己设计理念的同时，合理地过滤和整合各种因素，从而达到相对平衡状态。设计方案的修改主要集中在项目开始之初，进入排版制作环节后，从合理控制成本的角度考虑，一般不再对设计方案进行大的调整，一旦在印制环节发现设计方案的缺陷时恐怕就是木已成舟，回天乏力了。

案例实操

案例一：某义务教育教科书整体设计方案

［项目名称］某义务教育教科书套书

［设计要求］整体设计全学科品种内文及封面、平装、全彩印刷

[设计步骤]

一、接受设计任务

通过对该项目的进一步了解，该套书包含上百个品种，学科既有强调语言文化的语文、英语、俄语，又包括强调逻辑关系的数学、物理、化学，同时还有综合信息含量较大的历史、地理、生物等学科。学段从小学一年级一直延续到初中三年级，时间跨度相当长。而且最重要的是，该项目须遵守国家关于中小学教科书的版面设计标准（国标18358）。

二、研读书稿内容

开始分别对项目包含的各个品种的书稿进行逐级的阅读与分析，通过研读我们发现该项目存在以下特点：

（1）单学科纵向上呈现阶梯状，文字量由低年级向高年级逐级递增，内容深度逐级加深。

（2）各个学科横向上呈现平面交叉状，在同一学年段各个学科相对独立，但在逻辑上相互交叉。

（3）插图种类丰富，包括文学插图、情境插图、数学抽象插图、照片等多种插图类型，同时插图比例呈现由低年段向高年段逐级递减，综合信息类插图比例普遍大于其他类别的现象。

三、提炼设计重点

由于该项目品种众多而且读者年龄跨度较大，因此只从一个学科或一个学年段入手无法系统地归纳出该项目的本质内涵。这时我们就从具体品种抽身出来，摆脱学科内容上的干扰，将重点放在学科间的纵向和横向联系上。经过再次梳理我们发现，虽然各个学科内容各异但是文字体例结构基本上统一，篇、章、节、课题层级清晰，同时由于教科书对使用字体有一定的限制。因此我们就将这个项目的设计重点确定为，强化各学科间体例结构联系的同时，注意单学科的纵向变化和各学段学科间横向差异上。

四、构思设计方案

在提炼出设计重点后，我们首先在纵向上按照学段分为了小学低年段、小学高年段、初中段，同时参照"国家关于中小学教科书的版面设计标准"对该项目的成品尺寸、版心以及字体字号进行了逐级确定，并且按照版面比例分别制定了各级文本、栏目的分栏位置关系从而形成了该项目网格系统；之后我们以出版单位标识中的主色调作为基础色调横向推导出各个学科的主色调，再以各个学科的主色调纵向推导出各学科在不同学段的配色从而形成了该项目的色彩体系。在整体设计方案定型前，我们挑选了部分代表学科进行了反复试排与修改。至此项目的整体设计方案已经初步成型。

五、修改确认设计方案

整体设计方案定型后，我们开始了针对具体学科的样张制作。在坚持整体设计体例统一的基础上，通过网格系统与色彩系统的灵活应用来体现各学科的相对独立性与特点。最后将各学科设计样张再次集中比较，经过修改该项目设计方案最终定型。

案例二：某某文选的整体设计

［项目名称］某某文选

［设计要求］整体设计某某文选的书籍装帧形式、精装、黑白印刷

［设计步骤］

一、接受设计任务

该文选是作者二十余年文学创作的合集，共四册。主要以大篇幅的小说、散文为主其中夹杂少量诗歌。该作者作为知名作家在社会上有较高的知名度。该书成型后计划组织签售等宣传形式面对市场发行。

二、研读书稿内容

通过读稿我们发现，该书作者对生活有着独到见解，文笔轻松幽默，多以叙事的方式展开话题。同时作者比较注意个人形象，随书配套的插页人物照片清晰，形象具有一定的亲和力。同时作者文化修养较高，手稿字迹潇洒流畅。

三、提炼设计重点

通过内容阅读我们基本可以将该项目定性为文学类散文集或小说集，主

要读者群是针对 30～40 岁之间对文学有一定爱好的普通读者。由于作者的人生阅历较为丰富，而且各篇文章之间有明显的时间顺序，同时再考虑到发行部门计划围绕作者展开的宣传活动，因此我们将设计重点定位为以时间为主线，强化文学性同时突出作者形象。

四、构思设计方案

为了突出该项目的文学气质，我们没有采用市场上比较流行的大开本或异型开本，而是采用了标准的 A5 尺寸（148×210）这个较为适合文学作品的常用尺寸。同时在字体上选择以宋体为主，版心宽度适当缩小从而加大书稿两侧订口和切口的留白，行距加大减少页面的文字容量，试图通过以上方法给读者带来较为轻松的阅读体验。为了避免书眉的设计过于生硬我们采用了作者的手写体作为书眉文字的应用字体强化书卷气息。为了营造阅读的节奏感我们将作者文章通过隔页方式进行了分隔，并在隔页中适当插入手工绘制的情境小插图，在丰富版面效果的同时增加了阅读的趣味。在整体装帧设计上，我们采用了圆脊硬壳精装加外包软护封的形式，增加书稿的分量感。在封面设计上各册分别选用作者不同时期的肖像照作为主图，并配以作者的手稿原件作为底图，强化作者形象，从而拉近作者于读者的距离，引起读者的购买欲望。封面用纸采用稍厚的特种纸，封面主体文字做烫黑、起鼓处理，作者像做 UV 处理，增加封面质感。至此整体设计方案基本完成。

第二章

图书印装

本章重点

在生产过程中影响图书印装质量的因素有很多，如印前制作、工艺流程的制定、材料选择、监督管理等。在保证印前制作质量的前提下，根据图书印制的具体情况，制定合理的印刷和装订工艺，并根据普通书、精装书、重点书等不同要求的图书分别选用不同档次的纸张，对丛书、系列书选择相同的纸张，以避免同一套书印制质量参差不齐。有些图书采用特殊的印刷工艺，如：覆膜、UV上光、压印、特殊印刷等。根据各种图书的不同要求选择合理的印刷工艺，以利于提高图书的整体水平，达到最佳的印制效果。

趣味导读

图书印装工作要精细

贝塔斯曼曾是知名杂志《故事会》的销售承包商，上海印刷公司承接了《故事会》的印刷任务。经协商，双方确定杂志装订标准为：32开、平装合订本、串线胶订装订。但在实际操作中，所用纸张厚度超出预估标准，致使成书厚度达45mm，按原印装计划装订后，书脊呈现出弧形，并在几次翻页后就出现了一条竖向裂痕，影响到了书籍的美观。

发现此装订问题后，贝塔斯曼当即拒收货品。经多次协商，上海印刷公司将所有问题图书收回，去掉原有封面，将内文改为精装书芯，重新印封，再行上壳，改成平脚精装本，解决了原有问题。

纵观这一事件，上海印刷公司在最初制定印装计划时，并没有将纸张厚度、页码、装订方式的优劣及适合条件等因素考虑在内，导致了各项成本资源的浪费和不良影响。事实上，在印刷过程中，这些问题就已呈现出来，但因沟通不够、责任不明、流程混乱，致使问题一直隐藏到装订完成，交予销售商时，才暴露出来。

发散思维

1. 你认为图书印装工作需要注意哪些细节？
2. 你知道常见的图书印刷质量问题有哪些？
3. 你知道常见的图书装订质量问题有哪些？
4. 翻开你手边的一本书，看看有无印装质量问题？

第一节 胶印印版制作前工序

实训目标

1. 了解印版晒制的基本原理和方法；

2. 熟悉拼版的基本原理；

3. 掌握折手和页码标注方法。

实训任务

做一个折手，并标注页码；对一本书进行拼版练习。

一、折手

折手是拼版顺序的依据。做折手是指根据各个印张的页面顺序安排版面，使半成品书页经折叠后正好是预设的顺序和版式。这一环节一旦出错或者安排不尽合理，会给装订工序造成很大困难，严重影响图书成品质量和生产周期，甚至造成报废。

做折手要注意以下几个问题：

①应根据不同的装订方式选择合适的折页方法，做出相应折手，逐一折出所需要的张数。

②应根据不同的纸张厚度和开本，确定书页的折叠次数。

③应根据印装机械的特性选择合适的折页方法，采用最多的折页方法有垂直交叉折，此外还有平行折（滚折）、卷筒折（包心折）、翻身折（手风琴折）、混合折（包括三折法和双联折法）。

④模拟实际的装订过程，按顺序将所折出的页张套放正确，并依次标注页码，如图 2-1 所示。

-29	-4	-5	-28	-27	-6	-3	-30
20	13	12	21	22	11	14	19
-17	-16	-9	-24	-23	-10	-15	-18
32	1	8	25	26	7	2	31

图 2-1 32 开图书折手页码顺序

⑤正确标注版号、印刷品名称、印刷叼口位置等。

⑥在书脊上加折标，便于检查和发现配页差错。每帖的折标应依次呈阶梯状。

二、拼版

拼版，又称组版或拼大版，是指按照设定好的折手将各页面的小规格胶片拼贴在一张大的透明胶片上。成书前口不齐、版心不正等，往往是因拼版不合理造成的，问题严重时，甚至会导致成书质量不合格。

拼版分为手工拼版和电脑拼版两种。手工拼版是用人工方式来对胶片进行有秩序的整齐拼版，这对操作者的技术及责任心要求很高。传统工艺的手工内页拼版，是指将各个页码的小胶片按照折手顺序并依据各页间隔尺寸的台纸（铺在拼版台上的带有各个版面位置标尺的纸张，俗称台纸），用胶带拼粘在大张的透明胶片基上。每页排版胶片的版心四边至少要留出 5mm 的白边，这是因为各页码的小胶片拼贴在大胶片上时，胶带条边缘会在晒版时留下痕迹，需要在晒完的印版上用药水除脏；另外，由于胶带条厚度会造成在 PS 版感光层和胶片间的微量空隙，从而影响晒版；如果版面上出现脏点，则要用修版笔修版，修版后用干净海绵擦拭修版液（膏）时要尽量避开图文部分。当修版处离图文很近时，为保证不修坏图文，应用透明胶带粘实图文部分后再用修版液修版，以免因修版液的扩散而腐蚀图文。

电脑拼版又叫电脑拼大版，或指计算机整页拼版。是根据预先确定的印刷方式、页面先后顺序以及版心大小和位置等要求，使用相关拼版软件完成整幅印刷版面的拼版工作。

规矩线，是为制版、印刷、装订及裁切等工序而设计的，是校版和检验各色印版图文套准的依据。规矩线主要有十字线、角线、中线和裁切线。印刷者主要以每边中间十字线或丁字线为依据，裁切时要根据它来确定成品尺寸。十字线一般根据版面尺寸和套印要求设置3~7个，其中以每边中间的十字线或丁字线最为重要，校版时常以此为基准，如图2-2所示。角线包括外角线和内角线。外角线分布在印版四角处，作为各颜色依次套印的依据。内角线也叫裁切线，其位置在外角线的里边，是印刷品的成品尺寸线。

胶片四边如果没有十字线和角线，晒版时要加上。印版的有效印刷面积，指规矩线和角线以内的区域（包括图文和空白）。

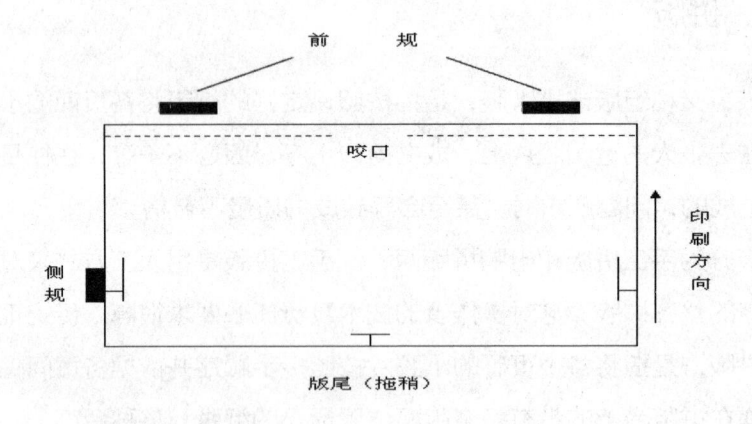

图 2-2 版面规矩线

（一）自翻印刷的拼版

自翻印刷，是指用同一块印版在纸的两面印刷，印完一面后翻印另一面。印刷机都是以纸的长边为叼口进纸方向，因此，这种翻纸方式又叫"左右翻"。

当印刷品尺寸等于印刷机的可印幅面的 1/2、1/4 或 1/8 时，采取自翻印刷，双面印刷共用一套印版，这样可以达到省版和省时的目的。

采用自翻印刷法，同一张纸上机印完，就可以裁出相同的 2 份、4 份或 8 份书页。其好处是，可减少印版数量和提高效率，还可减少拼晒版的遮晒次数。在图书印制上，自翻印刷常用于应对 0.5、0.25、0.125 等印张的印刷。

（二）精装类字典的拼版

精装类字典的一般特点是版心文字字号较小，版心大而四边空白少，订口和裁口的尺寸小，版心多居中拼放。当书脊不太厚时，图书能充分展开，可以看到订口文字；当书脊厚度在 40mm 以上时，图书则不能充分展开，印在订口侧的文字就不便阅读。所以，根据这类图书的版面设计和装订工艺特点，应适当调整其版心左右位置，即有意向翻口方向做少量偏移，这样，虽然感觉页面版心偏一些，但翻阅更方便了。

（三）胶订书的拼版

胶订书拼版前，要根据其设计情况、书的厚度、纸张的类型与规格等因素进行全面考虑。实际操作经验是，图书的厚度在 20mm 左右的，版心可向切口移约 3mm；图书的厚度 40mm 左右的，版心向切口移约 5mm。这样拼版不仅有利于印刷，对装订质量的提高也有保证。

对于拼版，最理想的方法还是电子整页拼版系统进行的电脑拼版。电脑拼版能够按照预先设计的版式，把图像和文字信息组成整页版面。因为是计算机进行控制，原来需要人工做的折手台纸，修剪胶片，贴胶条固定页面，加规矩线、角线和折标，去版脏等繁琐工序，电子整页拼版系统都能完成，效率比较高，而且顺序和定位准确。

对于 PDF 格式的排版文件，有很多软件可以进行自动拼版。如在 Acrobat 中打开 PDF 文件，可以直接使用插件拼版。

三、胶印印版的晒制

（一）传统 PS 版制版工艺

PS 版，即预涂感光版。作为平版胶印印刷的传递媒介，PS 版通常是由 0.25~0.30mm 的薄铝板经表面砂目（粗化）处理后涂布感光层制成的。砂目层是对铝板进行表面粗化处理后再进行阳极氧化而形成的一层坚实的氧化膜层，具有良好的亲水性，是印版的亲水区域。感光层由感光性化合物、成膜树脂等组成。阳图 PS 版采用见光分解型感光树脂，曝光后，见光部分（空白部分）分解，经显影液溶解露出砂目层而具有亲水性；未见光部分的感光胶层（图像部分）则具有亲油性。

印刷每个颜色的胶片都要晒一块版，四色印刷就需要晒四块版。

PS 版的晒制工艺流程主要有三个基本环节，即曝光、显影、护胶。

1. 曝光

曝光，是指将 PS 版置于晒版机工作台面，将按折手顺序拼好版的大张胶片覆在 PS 版有药膜（感光层）的一面上，合上晒版台，抽真空（目的是使胶片与 PS 版贴实，无缝隙），进行主光、辅光两次曝光。由于胶片上的网点（需要保留的图文）是黑色的，不透明，紫外线不能透过，所以不曝光；而其余地方是我们不要的空白，这些地方的胶片正好是透明的，被曝光后，感光层变成可溶的化合物，然后用碱性液体冲洗印版。

2. 显影

将曝光后的 PS 版平放在显影槽内，让显影液充分湿润后取出，置于洗版台上，用水冲去版面上已溶的化合物，感光层的空白部分被洗掉而露出氧化锌版基，只有网点（图文）留在印版上，从而显出影像。

3. 护胶

显影后，在 PS 版表面涂抹一层薄而均匀的阿拉伯树胶，然后吹干，以隔绝空气对版面的侵蚀，并防止印版在印刷时上脏及擦伤版面。为增加耐印率，还可用烤版机对晒好的 PS 版进行烤版。

（二）CTP 版制版工艺

采用 CTP 技术，图文的数字信息不再输出胶片，而直接从 CTP 制版机输出印版，省去了传统激光照排的胶片成像、拼版、晒版和 PS 版显定影处理等工艺过程。

与传统的 PS 版相比，CTP 版材其技术优势在于：

①提高了制版速度，制版时间由传统的几十分钟缩短到几分钟，从而缩短了图书的生产周期。

②提高了印刷质量，CTP 版可以再现 1%~99% 的网点；而传统的 PS 版只能再现 5%~95% 的网点。

③CTP 版具有高解像力（线数可达 175Lpi 以上），可满足高品质彩色印品的要求。

（三）CTcP 制版工艺

CTcP 是指在传统 PS 版上进行计算机直接制版的技术。利用波长范围为 360~450nm 的紫外光在传统 PS 版上曝光成像，能做到网点非常细小，而网点的边缘却十分清晰，即使在较低的分辨率下，也能获得较好的图像质量。

CTcP 近些年普及很快，得益于其设备工作流程简单。CTcP 技术可以使用普通的 PS 版，印刷企业原有的一些设备投资都不会浪费，而印刷质量和效率能有显著提高，因而非常适合印刷企业对于传统晒版工序进行更新升级。

作为直接制版新工艺，CTP 和 CTcP 使用的版材虽然不同，但与传统的制版工艺相比，都有非常显著的优势。例如，不用胶片，提高效率，节约成本，简化了生产环节；网点表现的页面层次好，质量容易控制且稳定，特别是图书重印时能与上次印刷的效果完全一致；色彩管理更加容易；节省劳动力，消除了人工操作常见的弊病；容易推动标准化，与国际接轨。

　　CTcP技术虽然被广泛采用，但是在目前情况下也有不足之处。比如，因电子文件容易复制，常常涉及版权保护问题。采用传统的出胶片工艺，在一次印刷后，委印者可及时收回胶片，因而复制、盗印胶片的难度大，可能性小。但是，印刷内容转换成电子文件，就需要从技术上杜绝盗印隐患。最好的结果是能够实现委印者的电子文件不易被复制，与指定印刷者的设备相关联，不能用于其他设备，而且，再次印刷时需要委印者的解密授权，或者通过时效性予以控制，过时即作废。

第二节 书刊印刷

实训目标

1. 了解印刷技术的分类；

2. 熟悉书刊印刷常用的印刷技术；

3. 掌握彩色印刷品印刷色序的安排。

实训任务

到一个典型书刊印刷厂实习，参与书刊印刷工艺的制定和印刷色序的安排，在工厂技术人员的指导下，亲自参与单色印刷机、双色印刷机、四色印刷机、轮转印刷机操作，参与书刊印刷品的质量检验工作。

印刷是整个出版流程中的一个中间加工过程。在GB 9851-1-90 "印刷技术术语"国家标准中，关于"印刷"一词是这样解释的：使用印版或其他方式将原稿上的图文信息转移到承印物上的工艺技术。这时所说的"转移"，就是复制，它讲出了印刷技术的五个要素。

①原稿。原稿就是要被复制的对象，原稿上的图文就是复制的信息内容。

②印版。要将原稿图文信息大量复制，必须借助一个中间媒介。先把原稿图文信息复制在这个中间媒介上，然后利用这个中间媒介，在显色物质的帮助下，把原稿图文信息再转移到承印物上。这个中间媒介就是印版。平印、凸印、凹印、丝印等印刷方法都是通过印版来完成图文信息转移的。不过，我们应该注意到，在释文中"使用印版或其他方式"中的其他方式，是考虑到实际上一些印刷技术是无印版的。在近几十年里，计算机技术的飞速发展，产生了一些不需要印版就能将原稿上的图文信息转印到承印物上的工艺技术，例如喷墨印刷、电子照相印刷等。因此印版这个印刷要素实际上也可以不存在。

③显色物质。也就是着色剂，通常指油墨，在电子照相印刷中是指墨粉。

在喷墨印刷中，采用的是水性墨，因此也常称墨水。图文的信息实际上是由有色物质和光学表现的结果。有些地方反射光强一些，看上去就明亮一些。有图文的地方出现黑色或其他颜色，被明亮的白色或浅色衬托出来，是由于这些地方的有色物质把射在它上面的光线绝大多数地吸收了的缘故，所以看上去就显得颜色深暗。所谓复制，并不是原稿物质的再现，而是利用油墨的光学性，在承印物上重现原图图文的光学现象。显色物质是印刷不可或缺的一种物质。

④承印物。图书出版的承印物大多是各种纸张。其他印刷方法也采用其他承印材料，例如塑料薄膜、金属板材、皮革等。印刷品是直接供人观视阅读的一种物质产品，特别是出版物，构成印刷品的主体物质是纸张。纸张既是印刷过程中承载油墨的物体，又是图文信息的物质载体，所以称为承印物。

⑤工艺技术。前述的原稿、印版、油墨和纸张，都是印刷五要素中的物质要素，而工艺技术不是物质要素，它是一种方法，即通过一种方法，把原稿上的图文信息复制到印版上，这就是制版技术；再通过一种方法，借助油墨，把印版上的图文信息转移到纸张上，这就是印刷技术。如果可以把印版（包括装置印版的印刷机）、油墨、纸张看作印刷技术的硬件的话，那么，工艺技术则是软件系统。不同的印刷工艺，其印刷原理是不同的。所以就要求用不同类型的印版、一定特性的油墨纸张组合、在不同的工艺技术条件下，把原稿图文的信息转移到纸张上，从而完成大量复制的任务。

在数码印刷得到发展之后，各种数码印刷的应用领域正好都是短版印刷，甚至很大一部分都是一张起印的情况。在按需出版、按需印刷中，即使接到印数为一份的订单，也可以在数码印刷机上单独印刷、装订成册。而传统胶片洗印也因为数码相机的风行而逐渐退出市场。因此，"大量复制"也不再是印刷的必要条件。

一、印刷技术分类及应用

出版术是社会文明的产物。人们的精神生活、物质生活的各个方面，几乎没有不与印刷技术发生关系的，所以印刷技术的分类及应用是一个涉及面比较广泛的问题。印刷技术分类，可以以印版分类，又可以以承印物分类，也可以以印刷品的用途分类。本书主要介绍出版印刷，与出版无关的一些印刷技术只做简述。目前，出版物的印刷仍主要采用传统的印刷工艺，基本上是以平版胶印为主的传统印刷工艺，其他一些印刷工艺也有应用，但数量较少。但新兴的数字印刷正以按需印刷的优势，能够满足按需出版的要求，将很快成为出版行业的主要印刷手段。印刷工艺的分类及应用如表2-1及表2-2所示。本分类体系，常规印刷按印版类型分类，其他则按最终的复制品分类。

表2-1 印刷技术的分类

印刷术的分类	常规印刷	凸版印刷：雕版印刷、活字铅版印刷、照相铜锌版印刷、感光树脂版印刷、电子雕刻凸版印刷、柔性版印刷
		平版印刷：石版印刷、珂罗版印刷、平版胶印（平凹版、多层金属版、预涂感光版、CTP版）、无水胶印
		凹版印刷：雕刻凹版印刷、照相凹版印刷（蚀刻凹版印刷）
		孔版印刷：誊写版印刷、镂空版印刷、丝网印刷
	数字印刷	电子照相：静电印刷
		喷墨印刷：连续输纸喷墨、单张纸喷墨
	特种印刷	盲文印刷
		全息照相印刷
		立体图像印刷
		热敏印刷
		磁性印刷
		珠光印刷
	其他印刷	电路版印刷
		玻璃、陶瓷印刷

表 2-2 出版印刷的分类及应用

印刷方法分类	印版名称	应用
凸版印刷	铜锌版	书刊报纸、图像文字印刷
	感光树脂版	书刊报纸、图像文字印刷
	柔性版	书刊报纸、图像文字印刷
平版印刷	石印版	最初的以图像为主的平印，现已不用
	珂罗版	少量图像复制，多用于中国字画仿真印刷
	胶印版（包括CTP版）	书刊报纸、图像文字印刷
凹版印刷	雕刻凹版	证券防伪印刷
	照相凹版	图像复制
	蚀刻凹版	图像复制
孔版印刷	油印誊写版	办公印刷
	丝网印版	图像复制、版画
	镂空版	图像复制、版画
数字印刷	电子照相	复印和短版印刷
	喷墨印刷	短版印刷、加印、票据账单印刷

二、书刊印刷

目前国内书刊印刷的方法主要是平版胶印。数字印刷在出版物印刷中虽然尚未得到广泛应用，但作为按需印刷、按需出版的趋势，数字印刷会很快成为出版物印刷中的一种主要印刷工艺。

平版胶印工艺包括印前图文处理、印版制作和印刷三大部分。平版胶印工艺通过一百多年的发展有了很大的变化，现代印刷工艺有了计算机的介入，在各个环节的自动化程度都有相当大的提高。

（一）单色印刷

单色印刷是书刊正文最常见的一种印刷模式。目前单色印刷主要使用的印刷机是单面单色和双面单色。

单色印刷机的机型有很多，大多数印刷厂都会装备两台以上这种机器。单色不仅指黑墨，也有其他颜色，如用一个专色来印刷正文、封面、插页和环衬等。

（二）双色印刷

双色印刷机有两种类型，一种是双面单色印刷机，另一种是单面双色印刷机。

双色印刷既改变了单色图书版面颜色单调、不够活泼的面孔，又不像全彩图书那样需要较高的印刷成本。与单色图书相比，用双色混色法印制的图书，能增强阅读者的视觉感受。因此，这种方式适合多种选题内容的图书，包括字典类工具书等。双混色设计图像，是指对原有四色图像进行技术处理，只用两种颜色组合来部分再现原图效果；或者通过改变单色图像的原有色，使之变成某种专色图像或通过两混色再现，从而提升原图的视觉效果。

具体地说，双色图书的颜色组合设计一般有两种：一种是四色印刷中，除黄色给人的视觉感较差外，其他三色都可以两两组成双色。黑色组合的机会最多，这是因为它的阶调信息对视觉感刺激较强，能增强图像色调的对比度；其次是蓝色；再次是红色。另一种是两种专色的组合或者单色黑与某一专色的组合。对于前者而言，如果设计者运用得巧妙，可利用色彩组合，达到变化、丰富色彩的效果；而后者设计相对比较简单，因而最为常见。

印刷图书双色正文，要考虑印刷机的套印和网线的精度。由于普通双色印刷机的套印精度要远逊色于四色印刷机，出于成本考虑，双色图书正文的印刷材料常会采用普通胶版纸或轻型纸甚至书写纸，而这类纸张只能用来印制一些套印精度要求不高的双色图书。另外，有套印要求的双色图书正文要尽可能不用单色印刷机分两次完成双色印刷。

利用混色（如单色黑和专蓝色）来使双色正文版面的色彩更丰富，是对设计者用色功力的一种考验。除细小的正文字不宜套印外，版面元素中的图和色块、色条等都可以通过各色的半阶调网点来体现墨色层次，更可以通过两色叠加面积内各色的网点大小来表现深浅或渐变及色相的变化。

利用原有四色中的两两组合印刷，如蓝灰、大红、墨绿等，可以大致模拟出与四色相近的效果，而成本却远低于四色印刷。

双色图书的印刷成本，一般是根据墨色组合的类型来计算的。"黑专组合"，大致为一个单色再加上一个专色印价。"两原色组合"，可参照四色印刷价格，约为其一半。在印刷企业的四色业务不满的情况下，也可以用四色印刷机来印刷，但一般要收取另外两个空转机组的"跑空费"。

（三）四色印刷

四色印刷，是为改善减色印刷的效果而增加黑色印版的全彩色复制的印刷方法。彩色印刷品基本上都是采用四色印刷来完成的。印刷颜色实际上是"网点"在起作用。网点对于印刷和平面设计非常重要。印刷品上总共只有四种颜色的网点：青、品红、黄、黑，它们之间的不同比例组合呈现了千变万化的颜色。四色印刷实际上就是用四种油墨配出无限多的颜色。

（四）专色印刷

专色，是指在印刷时，不通过印刷青、品红、黄、黑四色合成，而是专用一种特定油墨（专色油墨）来印刷该色。专色油墨是由印刷厂按照需要的特定颜色专门配置的或油墨厂专门生产的。在某些情况下，用专色印刷能使颜色更准确地符合设计要求。要注意，计算机显示的专色不是很准确，需要给印刷厂提供 Pantone 等厂家色样卡或专门纸色样。

设计中设定的非标准专色，印刷厂不一定能准确配制出来，而且显示器上看到的颜色也不准确，在设计专色时要充分考虑这些问题。

金色和银色不能用四色印刷来实现，因而也可以看成专色的一种。印刷金色和银色时，印刷厂是按专色来处理的，即用油墨厂生产的金色墨和银色墨来印刷，所用胶片也是单独出的专色胶片，需要单独晒制印刷。

由于金色、银色不透明，故可将金色、银色设定为实地版压印，即不用专门为印金色墨、银色墨的版面位置留空。

三、印刷色序的安排

多色印刷，按依次重叠套印各色过程顺序，称为色序。在四色印刷中，青、品红、黄、黑根据排列组合可计算出共 24 种不同的印刷色序供选择。

（一）根据画面主要表现主题安排色序

人对各种色彩的感情体验是不同的。版面色彩的基调就是对整个色调的总体感，红、橙、黄为基调的称为暖色调；以绿、蓝为基调被认为是冷色调。以暖色调为主的画面应先印黑、青，后印品红、黄；而以冷色调为主的画面则应先印品红，后印青。由于各色的叠覆关系，色序不同效果自然也会不同，故此，需要强调的颜色应放在最后一色印刷。特别是一定要将金、银色放在最后印，否则会影响印品效果。

（二）按油墨透明度安排色序

1. 按照油墨的遮盖力来安排色序

透明度高的油墨能让下层的其他油墨的色光透过，获得较好的减色效果，比如透明黄。四色油墨透明度的顺序大致是：黄＞品红＞青＞黑。总之，遮盖力越强的油墨越要先印，透明度越高的油墨越要后印。

2. 从利于套印来安排色序

由于纸张会在印刷中因受潮和承压而变形伸缩，我们可以把对套印要求较高的颜色排在相邻的机组来印刷，把对套印要求不严格或视觉不敏感的颜色（比如黄）放在最后印刷。大面积、实地的色，安排在最后印刷，能避免印刷品在连续交接传递印刷过程中被蹭脏。另外，要力争安排黏度大的油墨先印，以免造成逆套印。

3. 考虑纸张性质安排色序

质量差的纸张，考虑到其白度低，纤维松散，吸墨性差，易掉粉掉毛，可以先印黄墨打底以弥补纸张的缺陷。夜班印刷时，明度低的弱色墨不宜安排在第一色。油墨的明度顺序是：白＜黄＜橙＜绿＜青＜红＜蓝＜紫。

第三节 书刊装订

实训目标

1. 了解书刊装订的基本原理和基本方法；

2. 熟悉精装书的装订工艺；

3. 掌握平装书的装订工艺与方法。

实训任务

到书刊印刷厂或装订厂实习，在技术人员的指导下，参与图书从折页、配页到打包等图书装订的全过程工作。

出版物中除报纸为散页出版物不需要装订外，其他出版物大多是要装订的。即使是报纸，由于近年来报纸的版数越来越多，也开始出现经过装订的报纸，只是还居少数。虽然卷筒纸印报机上已经有联动装订的机构，但是人们的看报习惯仍然是以散页为主。而书刊页数较多，必须装订成册才能发行。装订工艺大致可分为骑马订、平装和精装。

一、骑马订

骑马订工艺是书刊装订形式之一，是装订工艺中最简单的一种，因订书时要跨骑在订书架上而得名，如图2-3所示。骑马订的书帖采用套帖配页，配帖时，将折好的书帖从中间一帖开始，依次搭在订书机工作台的三角形支架上，最后将封面套在最上面。订书时，用铁丝从书刊的书脊折缝外面穿进里面，并被弯脚订本，通过三面裁切即成为可供阅读的书刊。

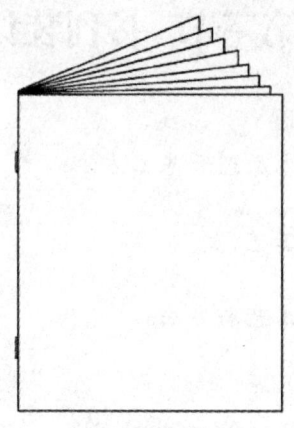

图 2-3 骑马订

骑马订是一种较简单的订书方法，工艺流程短，出书速度快；书页用铁丝穿订，用料少，成本低；书本容易开合，翻阅方便，但在使用过程中封面易从铁丝订连处脱落，不易保存。所以，骑马订装订方法常用于装订保存时间比较短的、期刊和小册子之类的书籍。骑马订采用套帖法，产品的厚度受到一定限制，一般最多只能装订 100 页左右的书刊。

目前，工厂大多使用骑马订联动机进行骑马订书。订书时，将折好的书帖按顺序放在集帖链上，机器可自动完成订书、切书等各项操作。常用的骑马订书机有两种：一种是半自动骑马订书机；另一种是全自动骑马订书联动机。全自动骑马订书联动机是一种多工序的联动化装订机械，用铁丝装订各种画报、期刊等，用途广泛，生产效率高。

二、平装

整本书由软质纸封面、主书名页和书芯构成，有时还有其他非必备部件，如环衬、插页等。

（1）普通平装：由不带勒口的软质封面、主书名页和书芯构成。一般不用环衬，有的主书名页与正文一起印刷。

（2）勒口平装：由带勒口的软质纸封面、环衬、主书名页、插页（也有无插页的）和书芯构成。多用于书页相对较多（有一定厚度）的中型开本的图书。

平装书的封面目前大多会作覆膜处理，这是将透明有光或无光（亚光）的塑料薄膜，在一定温度、压力和黏合剂的作用下贴在封面纸上，使封面增加厚度、牢度和抗水性能。但为了环保，最好少用覆膜的办法，可选用特种纸做封面，或者用"过油"的办法代替之。

平装书一般采用的装订方法有骑马订、平订、锁线订、无线胶背订和锁线胶背订、塑料线烫订。

平装与精装相比，省工省料，是一种简单实用的装订方法，比较适合当前国内的消费水平。我国出版的图书中，平装书大约占到90%以上，平装工艺可分为铁丝订、锁线订及胶订等多种类型。

(1) 铁丝订：铁丝订又称平订、铁丝平订，是经铁丝书芯的订口边穿订的装订方式。铁丝订订好的书芯再粘上封面，按尺寸规格裁切即为成书。铁丝平订书籍的书脊平整，但阅读时摊平程度很差。

(2) 锁线订：也写成索线订。锁线订是将配好的书帖逐帖以线串订成书芯的一种装订方式。用锁线订的书芯再粘上封面，按尺寸规格裁切即为成书。锁线订的书籍，不管书芯多厚，在阅读时都可以摊平，特别适宜大部头书的装订。锁线订既可以采用手工操作，也可以使用锁线机完成。

(3) 无线胶订：无线胶订是近几十年发展起来的、完全靠胶黏剂粘合书帖或书页的装订新工艺，如图2-4所示。目前无线胶订使用的胶黏剂有白乳胶、EVA热熔胶和PUR（聚氨酯）胶。白乳胶价格比较便宜，但干固速度慢。EVA热熔胶的成本比较高，干固迅速，适于高速联动机订书。与PUR胶相比，EVA热熔胶本身的黏结强度犹嫌不足，加上市场上存在一些不达标的EVA热熔胶或者印刷厂没有按照要求的上胶工艺操作，导致EVA胶订书籍掉页、散页的现象比较普遍，而采用PUR胶就能较好地解决这一问题。PUR胶的黏结强度大、平摊性能好、耐温范围宽。

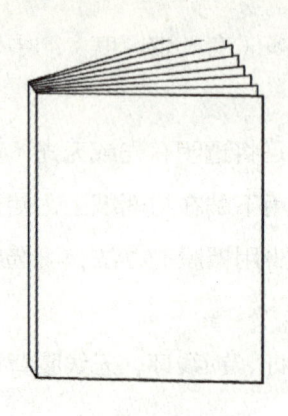

图 2-4 无线胶订

三、精装

精装最大特点在于封面的用料和印刷加工工艺与平装不同。一般由纸板及软质或织物制成的书壳、环衬、主书名页、插页和书芯构成，因此比平装考究、精致。精装有下列三种形式：

（1）全纸面精装：由全纸面书壳、环衬、主书名页、插页（若有的话）和书芯构成。保护书芯作用较强，制作成本相对较低。

（2）纸面布脊精装：书脊使用的是布料或其他织物，面封和底封使用的是纸板和软质纸制作的书壳。构成与全纸面精装同，制作成本相对也不高。

（3）全面料精装：书壳的面封、书脊和底封都用布料或其他织物、皮料等面料和纸板制作成书壳。构成与全纸面精装同。在书壳外面包有护封，因其考究、精致的程度胜过前两种精装样式，制作成本相对较高，多用于相当考究、精致、发行量又较小的高档图书。

三种精装样式都有圆脊和平脊两种形态。

圆脊是指书芯的脊背经砑圆（扒脊）工艺处理成带有一定圆弧的凸状，而外口则呈圆弧形凹状，与书壳套合后，即成圆脊精装形态。

平脊是指书芯的脊背不作砑圆处理，书脊和外口均无圆弧，与书壳套合后即成平脊精装形态，如图 2-5 所示。

精装书芯一般采用锁线订、胶订，由于精装的特殊要求，书芯订好后，还要经过扒圆、起脊、刷胶、贴纱布、贴堵头布等多道工序，才能完成书芯加工。

书壳加工，就是用硬纸板和封面材料为图书精制外壳，俗称糊壳。精装书之所以外观高雅、富丽堂皇，就在于它的外壳装帧讲究。装帧面料可用的范围非常广，如棉布、丝绸、皮革、麻布、纸张、仿革制品等均可用作装帧面料。为了加强装饰效果，精装封面往往还要进行整饰加工，如烫金、烫电化铝、压凹凸等。

由于装帧用料档次高，装订工艺繁多，所以精装书籍成本较高，目前多用于一些工具书或重要的书籍装订。

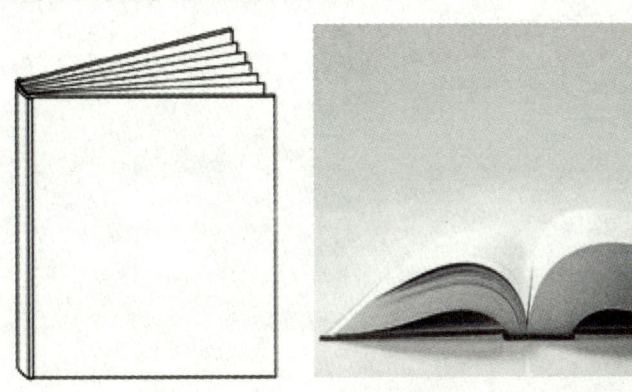

图 2-5 平背精装

四、线装

将均依中缝对折的若干书页和面封、底封叠合后，在右侧适当宽度用线穿订的装订样式。线装主要用于我国古籍类图书，也为其他图书装帧设计所借鉴。

五、散页装

图书的书页以单页状态装在专用纸袋或纸盒内，是一种卡片式或挂图式图书，多具欣赏或示意功能。多见于教育类、艺术类图书。

六、软精装

是平装样式吸收了精装封面比较硬的特点而形成的"软精装",又称"半精装"。它是在带勒口的面封和底封内各衬垫了一张一定厚度的卡纸,从而使封面的硬质、挺括程度超过一般平装图书。

第四节 常见印刷质量问题及原因

实训目标

1. 了解图书印刷品的质量争议及原因；

2. 熟悉纸质图书印刷的质量要求；

3. 掌握常见印刷质量问题，学会对其原因进行分析。

实训任务

参与图书印制质量的检验工作，并要求在工作中能够及时发现图书印制存在的质量问题，找出原因，学会处理出版社与印刷厂之间存在的图书印刷质量争议。

一、纸质图书的印刷质量要求

纸质图书的印刷质量要符合国家和行业的相关标准，其要求如下：

（一）尺寸要求

上机纸张裁切不得歪斜，矩形对应边的尺寸应一致。印刷成品的尺寸要符合设计要求，四边不留裁切线、信号条等多余内容。正文各页面的版位顺序正确，须留足四边裁切尺寸。

（二）墨色要求

全书印刷幅面内的墨色须均匀，无重影、透印、墨杠、脏迹及机械痕迹。正文墨色密度，简体字以五号字宋体"的"字为准，精细产品密度为 0.27~0.33，一般产品的密度为 0.25~0.35；文言文以"者"字或相同笔画的字为准，密度数据同"的"字。彩色印刷品，阶调和色彩再现须忠实于原稿，墨色均匀，光泽好，网点无明显变形。

（三）印迹要求

文字部分，精细产品字迹须清晰完整，一般产品字迹须无明显缺笔断画，不影响阅读。

黑白图像部分，应做到亮调、中间调、暗调层次分明。图的说明文字须清楚、位置准确。

表格部分，须线条清晰、四角规范，无明显模糊不清，不影响阅读。

彩色图像部分，须轮廓清晰，墨色均匀，层次分明，深浅一致，无色调、阶调失真，亮调网点面积率再现，精细产品须达到2%~4%，一般产品须达到3%~5%；网纹印迹须均匀，无明显墨杠、脏迹、墨皮，无缺网。

（四）套印要求

彩色印刷品的画面色相须准确，一般产品各色套印偏差须小于0.20mm，精细产品各色套印偏差须小于0.15mm。

书页正反套合须准确，误差要在2mm以内；版面版心歪斜须小于1mm。

接版印刷品的色调须一致，两页面位置须符合装订时拼合要求。

封面和护封的主体部位套印偏差应小于0.10mm。

（五）印刷成品外观要求

印刷书页版面须干净，文字、图像、表格须无糊版和明显脏迹、脏污、破口。

二、印刷品的质量争议及其原因

印刷品的质量争议，是印刷厂与出版社，出版社与作者、读者之间最不愿意发生，但又很可能遇到的问题。

印刷质量争议大致有以下几种情况：

①印刷质量争议大部分是由于印刷厂的质量、工艺管理和设备操作等方面处理问题所造成的。

②出现印刷质量争议，有时是因为设计者的主观意图违背和超出了设备的现状、工艺特长和操作者业务水平的限制，有时因为印制人员责任心不强、不懂业务或不甚了解合作厂家的特长与不足，在选择印刷厂时带有随意性。加上厂方迫于印刷业务不足的压力，不敢轻易说"不"，只能硬着头皮接单，这种"强人所难"的情况也造成了质量隐患。

③为了保证印刷业务的稳定和维持业务关系，印刷工价过低时，一些厂家有时即使无利润甚至亏损也会接受委托。这时，一些信誉不好的印刷厂就会从原料的品质等方面"找回损失"，从而造成印刷质量问题。

④一些出版者会不顾各工序的合理时间保障，提出苛刻的周期要求，迫使印刷企业通过缩短必要的工艺时间以及合并中间环节等措施来"赶工期，抢进度"，从而造成对印刷质量的影响。

引起印刷品质量争议的原因主要有以下几点：

（一）排版误差

排版，是指设计制作人员受责任编辑委托，按责任编辑的要求，使用相应软件从事的文字编排工作。出片前，制作方应要求责任编辑或设计者签字确认。但是常会发生由于时间紧，基于双方熟悉且相互信任，出现确认权主体缺失的情况。而一旦出现问题，如有错字或其他版式错误，并已经发生了较大的经济损失时，追究责任的双方之间就会产生不愉快。所以，越是时间紧，越是不能忽视制度的执行。在工作责任确认和交接的问题上，一定要坚持签字手续。

（二）出片误差

发排的胶片质量不同，会导致误差；发片的操作因环境和操作人员的不同，会导致误差；有时，即使其他条件完全相同，只是发排时间不同（补片），也会导致误差。例如，4张胶片中，如果某张胶片出现问题需要补片，可能出现后补的胶片与以前出的胶片不一致，甚至套叠不准的结果。因此，在出片时要力求一次成功，尽量减少补片；如果补片也要尽量补出全套片（包括封面的 UV、起凸等需要精细套印的工艺片）。

（三）打样误差

打样是上机印刷时的参照依据，因此，打样应使用与印刷同类型、同档次的纸张；打样用的油墨也应尽量与印刷时的油墨相同。即使用同一套胶片，不同公司的打样样张也并不完全一致，同一公司先后两次打出来的样张也不完全一样。这说明打样只能表现"大概"效果，印刷企业一定要将这点和有关人员说明清楚。因为他们往往在看过样张或在计算机上看过设计图样后有了先入为主的印象，如果实际印刷品与样张或设计图样有一点区别，他们就会认为没有印刷好。对此，解决的办法只有事先把可能出现的结果说明清楚，必要时在合同条款中写明，以免出现不必要的麻烦和争议。

（四）印刷颜色误差

印刷品与打样的颜色一定会存在偏差，即通常说的"印刷追不上打样"。其实印刷只能做到尽量"追样"，如果差异大，则应及时通知客户，或请客户亲自上机签样确认。这种打样和印刷的差异是客观存在的，是印刷机械本身难以解决的问题。在印刷中，有些印刷机的油墨输送是一个动态平衡的过程，即加减供墨量要有一个过程。这就有可能导致一批印刷品中最先印刷的成品与最后印刷的成品的颜色出现微偏差。印刷材料的加放量，就是用于"找墨色"和"找规矩"时的消耗。严格讲，这些不合格的印刷品是不能混入成品的。

（五）纸张误差

由于造纸工艺材料等不完全相同，不同造纸厂家生产的同一类纸张在亮度、厚度、质感各方面都会有差别，但差别不会很明显。细腻度、白度好的纸张，价格偏高。另外，同一厂家生产的同一定量纸张，由于出厂时间不同，生产中各种条件都会发生变化，也不能做到完全一致。造纸厂家会在每批纸张标签中作出声明，要求印刷厂不要将该批纸与以前剩下的该厂同类纸张混用。当作者拿到书，找到出版社，要求自己即将出版的书使用与手中这本完全一样的纸张时，出版社一定要跟作者说清楚纸张的误差情况。

（六）裁切尺寸误差

在裁切成品时，由于裁刀本身的原因造成裁切成品的误差也是客观存在的。对于一般印刷品来说，国家有关的标准规定是裁切尺寸误差应该允许在上下2mm内，这是底线。

（七）信息传递误差

信息传递有个规律，即传递次数与误差成正比。把误差降到最低，一种方法是在工作中尽量不要口耳相传，应采用文字记录的方式。出版社的出版部门、责任编辑和委印厂之间需要频繁地打交道，仅凭口头传达信息是不负责任的，无论双方之间的信任度如何，也会有口误、理解错误、记不准确的情况发生。对此，工作人员应该养成用白纸黑字交代要求和记录事项的好习惯。如果遇到紧急特殊情况没有记录，事后也一定要及时补上手续。

三、常见印刷质量问题及原因

（一）彩色印刷品套印不准

套印准确是对彩色印刷品最起码的质量要求。所谓套印准确，即四色印刷的每一单色图文都在相对应的同一位置上依次完全叠合，使批量印刷品成为忠实于原稿的复制品。但在生产中，由于种种原因，很容易出现产品套印误差超标，从而使大量产品成为次品，甚至废品。因此，印刷工作者应高度重视这一问题并努力避免。

1. 胶片误差对套印精度的影响

如果四色胶片一次出齐，一般没有问题，如果其他条件都一样，只要在发排时间上存在间隔，补片和原片也会有误差。所以，对没有一次出齐的后补片，一定要加以小心。对有套印要求的胶片，如果重出就整套（四色）全出。

2. 印版对套印精度的影响

平版印刷版材，现多为薄而轻的铝材，其可能出现误差的情况有两种：一是伸拉变形，二是烘烤变形。伸拉变形是操作者装版时用力不当造成的。烘烤变形是指铝材在提高耐印力的烘烤过程中受热膨胀而影响版面尺寸。对于这两种情况，只能要求印刷厂加强质量意识，改进操作方法。

3. 滚筒包衬和压力对套印精度的影响

印版、橡皮、压印三滚筒的表面线速度不一致，网点会被拉长。这在老旧的双色印刷机上表现得尤为明显。现在，双色正文图书越来越多，而出于成本考虑，印刷企业一般不用高档四色印刷机只印两色。所以，在设计版式时，除非必要，尽可能不采用两色之间交接严丝合缝的套印设计。

4. 纸张对套印精度的影响

纸张纤维有吸水膨胀、脱水收缩的特点，特别是结构松、施胶轻、吸水性强的纸张。所以，在印刷时要控制水墨平衡和环境湿度。由于纸张纤维的方向性，纸张长边和宽边的伸缩量也不同，滚筒挤压会使纸张从叼口开始以扇面延展，直到纸张尾部，使误差变大，这成为"甩角"。也就是说，在一次印刷之后，纸张会出现轻微变形。而且，在下一色印刷时，纸张的变形很有可能造成套印不准。需要分几次上机完成的套色产品，需要特别注意。对此，印刷厂应加强技术操作管理和对设备的调试，将纸张的受压变形程度降到最低。对于有套印要求的图书，出版社要有针对性地选用纸张。

5. 机械方面对套印精度的影响

机械方面对套印精度的影响主要有三个方面：一是胶印机的定位机械规矩问题造成套印不准；二是在传递和交接过程中，因交接不稳产生瞬间争扯和脱离；三是纸张从滚筒上剥离时，受黏附力和剥离张力作用影响，若叼纸牙叼力小,则会发生抽移。这在单色机上表现为套印不准,在多色机上表现为重影(虚影)。

(二)墨色不均匀

印刷品的墨色要求,是指正反两面墨色均匀一致,标题密度值(去底)大于 0.95,文字密度值(去底)为 0.18(±0.02),整本书前后所有页码的墨色须基本一致。

墨色不均匀,既是指某一版面内的各处图文颜色深浅不一,也是指全书各个页面的墨色不一致。两者产生的原因不尽相同,但有一点相同之处,即它们产生的原因十分复杂。由于受胶印技术工艺的复杂性和特殊性的局限,同一本书的墨色也很难保证完全均匀一致。

1. 制版胶片对墨色的影响

胶片的质量是晒版印刷的基础。为防止因胶片原因给印刷质量带来不利影响,印制人员应注意以下几点:

①照排机质量要有保证,使整张胶片得到均匀曝光,所有胶片的相应密度要一致。

②胶片输出尽量做到一次出齐,杜绝补片现象或将补片概率降到最低。

③一批胶片如果输出量过大,要及时补给显影液。

④再版时,更换的新页码,要测量旧胶片的密度数据,以求尽量一致。

⑤印刷同一本书,要使用同一厂家的胶片。

2. 晒版对墨色的影响

各种原因造成的晒版后版面不均匀,都会影响印刷墨色的一致性。晒版的光源强度、光源距离、曝光时间,都会影响晒版质量。如果抽真空不实,晒出的印版会使印迹模糊;显影液过浓,图文线条会变细,小网点会丢失或图文淡而不清;显影液浓度过低,药膜面则不易洗净,上机易脏版;显影时间过长,图文会变淡而薄,印迹不清;显影时间过短,药膜面处理不净,印刷易起脏。

3. 油墨质量及使用情况对墨色的影响

油墨黏度过大，墨层偏厚，均会因流动性差而不易被均匀涂布。而为了改善油墨流动性加入添加剂，则会影响油墨的均匀性。添加剂过多，油墨会变稀，墨色浓度就不足，造成墨色偏浅；反之，墨色就偏深。

4. 联机作业对墨色的影响

联机作业，是指同一本书的各印张分别由不同的印刷机来同时完成。这样安排的好处是能缩短单本书的印刷时间；缺陷是由于各台印刷机的性能、状态、特点各异，加上印刷人员操作习惯的不同，很难保证印刷成品全书墨色一致。

5. 印版磨损对墨色的影响

印版磨损会出现花版、颜色变浅或糊版现象。如果出现这种情况，要及时更换印版，并查找印版不耐印的原因（如印版质量、水墨平衡、印刷压力、滚筒包衬等），以尽早消除。

6. 供墨系统对墨色的影响

供墨系统工作状态不稳定，油墨得不到正常传递，纸张表面受墨状态失控，以及墨辊表面橡胶老化等，都会影响印刷品的墨色。润版液与供水系统不够理想，也会对印刷墨色产生影响。

7. 水墨不平衡对墨色的影响

水墨不平衡会对印刷墨色产生严重的影响。水大墨大，甚至会导致油墨乳化严重等。如果油墨被严重老化，不仅无法保证墨色均匀一致，还会带来其他严重的质量问题。

8. 橡皮布表面问题对墨色的影响

橡皮布表面老化结晶而弹性减弱，橡皮布局部轻微受伤以致压力不均匀，橡皮布局部墨色传递不良，最终都会影响到印刷品的墨色。

9. 印刷速度对墨色的影响

印刷速度与纸张剥离的力度是正比关系，剥离张力的大小直接影响印刷品的墨色深浅程度。在印刷压力不变的情况下，印刷速度决定油墨的转移效果，直接影响到了印刷品的印刷质量。所以，对于单品种图书，应始终坚持匀速印刷，切忌频繁改变印刷速度，否则易造成印刷墨色深浅不一的结果。

10. 印刷压力对墨色的影响

印刷压力过小时，油墨不易传送，容易造成墨迹浅淡、发虚；印刷压力过大时，油墨会挤向版面空白处，使网点增大严重，图像失真。同时，压力大会加速印版磨损，使墨色的均匀度和浓度发生变化。只有保证合适的压力，才能使印刷过程始终处于色传递均匀的最佳状态。

11. 气温变化或室温不合适对墨色的影响

气温偏高或偏低，会影响机器散热，让油墨的黏性随之变化。油墨温度越高，黏性越小，墨斗辊上输出墨层越薄，会使整批印刷品的前后墨色不一致。气温过低，会"打不开墨"，油墨传递不良，使版面受墨不足或墨色不均匀。

12. 纸张厚度对墨色的影响

厚度不同的纸张印刷时的压力也不相同。同一批印刷品，如果所用纸张厚度不均匀，就会因印刷压力不同导致油墨转移率不同，出现印刷品颜色深浅不一。

（三）背面蹭脏和严重透印

背面蹭脏是油墨的再转移，是指前一张纸的未干油墨，在下一张纸上留下墨迹。

背面蹭脏产生的一个原因是墨层过厚，或印刷品堆放过高，使纸张与纸张之间压力过大等。一般来说，印刷品堆放过高是造成背面蹭脏的主要原因。油墨是塑性流体，靠印刷压力瞬间降低黏度，能均匀地转移到纸面上，当压力减轻后其黏度恢复，固着在纸上形成墨膜。如果印后的压力过大，就容易发生背面蹭脏。

透印是指纸面上可见到清晰的背面图文。使用薄纸进行印刷时，由于其吸墨性较好，有可能出现透印现象。为了避免透印，印刷薄纸时，应使用较淡的油墨和尽可能小的印刷压力。

透印的原因主要有：

①油墨过稀，墨层过厚。水大墨大的乳化等原因，会使墨层在纸张表面氧化结膜太慢，不干性连接料被纸张吸收并渗透。

②纸张的不透明度偏低。纸张的不透明度是书刊印刷用纸非常重要的指标。不透明度越高，纸张纤维间的空隙就越小，光线越难透过纸张，油墨微粒也越难向纸中渗透，透印的可能性也就越小。

③印刷轧底。纸张在输送印刷中，由于"打空"（断纸时印刷机没能及时离压），致使印迹印到了压印滚筒表面并被转印到下一张纸背面，造成一面纸有两面印痕。轧底的废品虽然只是一张，但混入书页中就会造成整本废书，对此一定要重视，除了调整印刷机的输纸系统和离合压系统正常外，关键是要把好印刷后、装订前的两道检查大关。

（四）叠印

叠印和压印是一个意思，即一个色块叠印在另一个色块上。需要注意的是，如果设计黑色文字在彩色图像上的叠印，制版时不要将黑色文字底下的图案镂空，否则，印刷套印不准时，黑色文字会露出白边。若文字过于细小，尽量不要多色都做成反白，否则会由于套印精度问题造成字迹模糊。

彩色印刷最起码的质量要求，就是套印准确，即每一单色图文都在相对应的同一位置上一次叠合。但在实际生产中，由于种种原因，很容易造成产品套印误差超标，使大量产品成为次品或废品。

（五）白页

拼版印刷模式致使白页往往在相邻页码间断出现，即对开机印刷的 16 开书出 8 面白页，32 开书出 16 面白页等，低于此数值的应该是出现在畸零印张上。

出现白页的原因比较单一，多数是因为输纸双张。单色机印刷时，出现白页的原因是下面一张纸没印上；BB 式双面机印刷时，出现白页的原因是上下两张的接触面都没有印上。这是因为飞达调整不当，或环境湿度不合适而使纸张含静电、不易分离。白页混入书页中，就会造成整本书报废。解决这一问题的关键是调节好飞达和印刷环境。另外，要把好印刷后和装订前的两道检查关，及时将白页剔除。

（六）掉字和缺笔断画

如果从应该印上图文的地方却空白的角度理解，可以把掉字和缺笔断画这两种印迹不全的质量现象放在一起分析，两者只是严重程度不同。按照行业要求，每印张的笔画模糊、断缺不得超过两处；六号字及小于六号字，不至于误解字义。

造成笔画模糊、断缺的原因如下：

1. 胶片质量不合格

胶片质量不合格，如胶片透射密度过低，图文灰而不黑；有的胶片劣质、颜色发黄；有的图像暗调发糊、文字笔画扩张或断缺，如果用于晒版印刷，肯定会造成图像模糊不清，文字缺笔断画。

2. 晒版曝光掌握不当

过度曝光，会使图文受损甚至丢失；曝光不足，又会起脏。同时，修版液也可能侵蚀，损坏图文。特别值得注意的是那些留边过小的胶片，不仅拼版时无法粘胶条，药液也容易渗进图文。

3. 纸张表面过于粗糙

使用表面粗糙、平滑度低的纸张，须适当提高印刷压力，不然就会出现网纹，使文字线条缺笔断画。

4. 橡皮布损坏或附着他物

胶印过程中，橡皮布一旦被硬物硌伤、塌陷，相应部位的图文传递就会不完整。而且，这种现象不易被察觉，就算及时发现，由于机速较快，成百上千张已经成为印刷品，无法弥补了。再有，纸毛、纸屑和墨皮等堆积在橡皮布上，也会造成印迹出错。

另外，烫印的字迹也会出现线条不完整的情况，主要原因有：

①电化铝安装不当。若安装过松，烫印字迹不清晰、发糊；若安装过紧，则字迹线条易缺笔断画。

②烫印温度不当。温度过低，烫印不牢固或印迹不实，所以烫印温度一定要高于电化铝的耐温范围；但是，如果温度过高，热熔性膜层则会超范围熔化，印迹周围会附着铝箔中的树脂和染料，使电化铝印迹起泡或出现云雾状。

③烫印压力不当。若压力过小，使电化铝无法与承印物粘附，无法对烫印的边缘部位进行充分剪切，导致烫印不上或烫印部位印迹发花；若压力过大，衬垫和承印物会压缩变形，从而产生糊版或使印迹变粗走样。

④烫印速度不当。电化铝与承印物接触时，烫印速度应适当慢一些，这样，电化铝与承印物黏结牢固，有利于烫印。若烫印速度过快，电化铝的热熔性膜层和脱落层在瞬间熔化不充分，则会导致烫印不上或印迹发花；但是，烫印速度过慢也不行，因为电化铝与承印物接触时间过长，会使电化铝图文边缘的胶粘层也受热熔化而出现糊版。

（七）严重脏迹

除印刷过程中的油污、水渍痕迹、挂墨脏之外，人为弄脏最为常见，书页搬运、加工过程中因不爱惜产品和不文明生产的行为造成的脏迹，典型的有手印、汗迹、尘土、脚印等。

第五节 印后整饰

实训目标

1. 了解烫印、覆膜、上光、压凹凸、模切与压痕的基本原理;

2. 熟悉烫印、覆膜、上光、压凹凸、模切与压痕的基本方法;

3. 掌握烫印的质量标准和覆膜的质量标准。

实训任务

到印刷厂实地详细观察烫印和覆膜的工艺过程,在有条件的情况下最好在技术人员的指导下参与烫印、模切、压痕、覆膜和上光等的具体工作。

一、烫印

烫印就是借助一定的压力和温度,运用装在烫印机上的模版,使印刷品和烫印版在短时间内合压,将金属箔或彩色颜料箔按烫印模版的图文要求转印到被烫材料表面的加工工艺。在书刊出版中,主要是烫印到封面、护封、广告插页等印刷品上,用于增强装饰效果。因为大部分烫印都是采用金色的金属箔,因此也常称烫金。烫印银色的也常称烫银。

烫印材料主要是电化铝箔,它是以涤纶薄膜为片基,涂上醇溶性染色剂,经过真空镀铝、复涂胶黏层而制成的。一般烫印用电化铝的颜色多为金色。除金色外,还有红色、银色、蓝色等十几种颜色。电化铝烫印不仅适合于纸张,还可以在软塑料、硬塑料、木材等多种材料表面上进行烫印。电化铝箔一般是卷状的,常见的宽为45cm,长60m。

最近几年里出现的以黏性油墨黏附金属箔的转印工艺,因为也采用金属箔,也把它归为烫印的范畴,虽然它已经基本改变了烫印的工艺,而且不需要对印版加热,因此也称为冷烫印。也就是说,烫印可以分为热烫印和冷烫印两类。热烫印技术就是上面提到的需要一定温度和压力才能完成电化铝箔转移的烫印工艺。冷烫印技术是通过将 UV 胶黏剂涂布在印刷品需要烫印的部位，将电化铝箔经一定的压力转移到包装印刷品表面的工艺。这两种方法各有特点，满足不同产品的要求。两者各有优势与不足，在实际应用中，根据具体情况来选择合适的烫印方式，尤其是在权衡成本与质量时更应注意。

（一）热烫印技术

热烫印从工艺上可分为先烫后印和先印后烫。先烫后印就是在空白的承印物上先烫印上电化铝箔层，再在铝箔层表面印刷图文，多用于需大面积烫印的包装印刷品。而先印后烫则是在已印好的印刷品上，在需要烫印的部位烫印上需要的图案，这是目前被广泛应用的一种工艺。

热烫印的实质是利用热量和压力的作用，将铝层转印到承印物的表面。该过程的原理是：在热和压力作用的期间，热熔性的醇溶性染色树脂层和胶黏剂受热熔化，热熔性的染色树脂（一般为有机硅树脂）熔化后胶黏剂结力减小，铝层便从基膜上剥离，特种热敏胶黏剂在热和压力的作用下，将铝层胶黏剂结到印刷品上。在压印平板分离的 0.5~1 秒的时间里，胶黏剂由热熔状态转化为冷却固化，电化铝牢固地转印到被烫物的表面。

目前用于热烫印的设备主要有手动或自动平压平烫印机、自动圆压平卧式烫印机、圆压圆式烫印机。

（二）冷烫印技术

冷烫印技术是指利用 UV 胶黏剂将烫印箔转移到承印材料上的方法。冷烫印工艺又可分为干覆膜式冷烫印和湿覆膜式冷烫印两种。

干覆膜式冷烫印工艺是对涂布的 UV 胶黏剂先固化再进行烫印。十几年前，当冷烫印技术刚刚问世时，采用的就是干覆膜式冷烫印工艺，其主要工艺步骤如下：

①在卷筒承印材料上印刷阳离子型 UV 胶黏剂。
②对 UV 胶黏剂进行固化。
③借助压力辊使冷烫印箔与承印材料复合在一起。

④将多余的烫印箔从承印材料上剥离下来，只在涂有胶黏剂的部位留下所需的烫印图文。

值得注意的是，采用干覆膜式冷烫印工艺时，对 UV 胶黏剂的固化宜快速进行，但不能彻底固化，要保证其固化后仍具有一定的黏性，这样才能与烫印箔很好地黏结在一起。

湿覆膜式冷烫印工艺是在涂布了 UV 胶黏剂之后，先烫印然后再对 UV 胶黏剂进行固化，主要工艺步骤如下：

①在卷筒承印材料上印刷自由基型 UV 胶黏剂。

②在承印材料上复合冷烫印箔。

③对自由基型 UV 胶黏剂进行固化，由于胶黏剂此时夹在冷烫印箔和承印材料之间，UV 光线必须要透过烫印箔才能到达胶黏剂层。

④将烫印箔从承印材料上剥离，并在承印材料上形成烫印图文。

需要说明的是：其一，湿覆膜式冷烫印工艺用自由基型 UV 胶黏剂替代传统的阳离子型 UV 胶黏剂；其二，UV 胶黏剂的初黏力要强，固化后不能再有黏性；其三，烫印箔的镀铝层应有一定的透光性，保证 UV 光线能够透过并引发 UV 胶黏剂的固化反应。

湿覆膜式冷烫印工艺能够在印刷机上连线烫印金属箔或全息箔，其应用范围也越来越广。目前所采用的胶黏剂也可以是非 UV 类的，利用普通胶印印版印刷到承印材料上，然后黏性油墨将金属箔从载体上转印下来。在同一台印刷机上，还可以在金属箔上叠印油墨，金属箔与油墨叠印后形成有颜色的金属光泽。

冷烫印技术的突出优点主要包括以下几方面：

① 无须专门的烫印设备，而且，这些设备的价格通常还比较昂贵。

②无须制作金属烫印版，可以使用普通的柔性版或胶印印版，不但制版速度快，周期短，还可降低烫印版的制作成本。

③烫印速度快，在柔印机上可达到 110m/min。在胶印机上可以采用与胶印机相同的速度印刷。

④无须加热装置,并能节省能源。

⑤采用一块印版即可同时完成网目调图像和实地色块的烫印,即可以将要烫印的网目调图像和实地色块制在同一块箔转印版上。

⑥箔转印基材的适用范围广,在热敏材料、塑料薄膜、模内标签上也能进行烫印。

但是,冷烫印技术也存在一定的不足之处,主要包括以下两点:

①冷烫印的图文通常需要覆膜或上光进行二次加工保护,这就增加了烫印成本和工艺复杂性。

②涂布的高黏度胶黏剂流平性差,不平滑,使冷烫印箔表面产生漫反射,影响烫印图文的色彩和光泽度,从而降低产品的美观度。

(三)烫印的质量标准

出版物的烫印质量应符合国家行业标准 CY/T7.4–91 的规定,主要质量要求和检验方法如下:

①有烫料的封皮:文字和图案不花白、不变色、不脱落,字迹、图案和线条清楚干净,表面平整牢固,浅色部位光洁度好、无脏点。

②无烫料的封皮:不变色,字迹、线条和图案清楚干净。

③套烫两次以上的封皮版面无漏烫,层次清楚,图案清晰、干净,光洁度好。套烫误差小于 1mm。

④烫印封皮版面及书背的文字和图案的版框位置准确,尺寸符合设计要求。封皮烫印误差小于 5mm,歪斜小于 2mm。书背字位置的上下误差小于 2mm,歪斜不超过 10%。

二、覆膜

覆膜,即贴膜,就是将塑料薄膜涂上黏合剂,将其与纸张为承印物的印刷品一起,经加热、加压后黏合在一起,形成纸塑合一产品的加工技术。

经覆膜的印刷品,由于表面多了一层薄而透明的塑料薄膜,表面更平滑光亮，从而提高印刷品的光泽度和牢度，图文颜色更鲜艳，富有立体感，同时更起到防水、防污、耐磨、耐摺、耐化学腐蚀等作用。

（一）覆膜工艺分类

覆膜工艺按覆膜的过程分为三种：干式、湿式及油性。按所采用的原材料及设备不同，可分为即涂覆膜及预涂薄膜工艺。

①即涂覆膜。即涂覆膜工艺操作时先在薄膜上涂布黏合剂，之后再热压，但其生产过程易发生火灾。即涂覆膜的工艺流程是：输纸→薄膜涂黏合剂→印刷品压膜→裁切。

涂布黏合剂时应先涂底料，后涂黏合剂。底料的主要作用是使纸张、油墨具有较好的黏结力。黏合剂的作用，一是本身耐高温，防止油墨变色；二是使纸张与薄膜有较好的结合力。

②预涂覆膜。此工艺是将黏合剂预先涂布在塑料薄膜上，经烘干收卷，作为商品出售。它可以避免气泡胶状脱层的发生。覆膜设备不需要有黏合剂加热干燥系统，大大简化纸塑覆膜的程序，且操作十分方便，可随用随开机，生产灵活性大，同时无溶剂气味，无环境污染，其成品透明度很高。

预涂膜结构由基材和胶层构成，基材通常为PET聚酯或BOPP薄膜，从材料成本和加工工艺考虑，绝大部分预涂膜基材采用BOPP薄膜，厚度为12~20μm，胶层厚度为5~15μm。根据加工设备及工艺条件不同，选用不同厚度的胶层，胶层分为热熔胶和有机高分子低温树脂。两者的区别在于，热熔胶由主黏树脂和增黏剂、调节剂数种材料共混改性制成，而有机高分子树脂则为单一高分子低温共聚物。

因受技术、生产设备、原材料限制，由国内设备生产的预涂膜（大部分为热熔胶类）仍存在着品质上的缺陷。由于有的生产工艺是采用与即涂覆膜类似的工艺，将胶体用有机溶剂溶解，用凹面网纹辊将胶滚涂在基材薄膜上，故存在溶剂挥发不充分，操作使用时产生异味，覆膜后溶剂挥发，表面易起泡的情况。同时，由于热熔胶由数种高分子材料共混，在使用过程中，温度控制不好会引起热熔胶内高分子聚合物的降解和交联，使覆膜表面不良。有的预涂膜胶体易与基材外表面黏合，造成卷取不良。由于胶层薄，且表面未经活化处理，故容易产生对印刷物附着力不足等缺陷。由于热熔胶由数种材料混合而成，覆膜后透明度明显低于低温纯树脂类的预涂膜。

除以上分类方法外，覆膜工艺按照冷热、压力状况和材料还可分为冷覆膜、热覆膜和液体覆膜等方式。热覆膜技术是指将膜片上预涂的黏合剂加热活化，通过它将膜片与印品黏合在一起；而冷覆膜则是通过加压，直接靠黏合剂把薄膜与印品黏合在一起。这两种方法都可制作出紫外线防护膜、防水或抗摩擦膜等各类特种膜。

（二）覆膜材料选用

常用的塑料薄膜有：聚氯乙烯（PVC）、聚丙烯（PP）、聚乙烯（PE）、聚酯（PET）和聚碳酸酯（PC）薄膜等。其中聚丙烯薄膜（15~20μm）的机械强度比较高，不易断裂，耐摩擦，柔韧性好，无毒性，透明度高和良好的光泽，价格便宜，是覆膜工艺中较理想的复合材料。它的双向拉伸膜（BOPP）是覆膜工艺中广泛采用的薄膜。

根据薄膜本身的性能和使用目的，薄膜厚度以10~20μm为宜，须经电晕或其他方法处理，处理面的表面张力应达到4Pa(40dyn/cm^2)，以便有较好的湿润性和黏合性能。电晕处理面要均匀一致，透明度越高越好，以保证被覆盖的印刷品有最佳清晰度。聚酯薄膜的透光率一般为88%~90%，其他几种薄膜的透光率通常在92%~93%之间。薄膜需具良好的耐光性，在光线长时间照射下不易变色，几何尺寸要稳定。

由于薄膜要与溶剂、黏合剂、油墨等接触，因此需要有一定的化学稳定性。膜面外观应平整，无凹凸不平及皱纹，还要求薄膜无气泡、缩孔、针孔及麻点等。因覆膜机调节能力有限，还要求复卷整齐，两边松紧一致，以保证涂胶均匀。当然，还要求成本低一些。

薄膜的增塑剂含量对覆膜有直接的影响。增塑剂含量少，薄膜脆硬，冬季使用不易贴牢、拉平、增塑剂含量多的，薄膜柔软，不宜在夏季使用。

覆膜的塑料薄膜多数属于非极性、低表面能的难黏合的材料。因此，要对塑料薄膜进行表面处理，使薄膜氧化，生成极性基团，提高薄膜的表面自由能，使之符合工艺要求。

（三）覆膜设备

覆膜设备按照工艺方法分为即涂型覆膜机和预涂型覆膜机两大类。即涂型覆膜机是将卷筒状的塑料薄膜涂布黏合剂后经干燥，由加压复合机构与印刷品复合在一起的专用设备。主要由塑料薄膜放卷、上胶涂布、干燥、热压复合、收卷五个部分组成。有全自动机型和半自动机型。预涂型覆膜机省去了上胶涂布，主要由塑料薄膜放卷、印刷品自动输入、热压复合、自动收卷四部分组成。

（四）覆膜的质量标准

对于覆膜产品来说，覆膜注重的是复合强度。复合强度指覆膜产品中塑料薄膜与纸张印刷品之间的黏合牢度，它的大小取决于塑料薄膜、纸张印刷品与黏合剂之间的黏合力大小。覆膜时，黏合力主要源自塑料薄膜、纸张印刷品与黏合剂之间的机械结合力和物理化学结合力。

覆膜牢度的关键在于黏合剂与印刷品（油墨和承印材料）的亲和性。作为覆膜行业，印刷用的油墨是不可选择的，即只有适应油墨市场的覆膜才是唯一选择，因此预涂膜需要适应所有油墨的性能。覆膜产品的复合强度既受覆膜生产过程中的工艺参数（如覆膜工艺的温度、压力、速度、黏合剂的涂布状况、薄膜张力和环境因素等）的影响，同时也会受到印刷过程（如经印刷后形成的印品表面状态，即墨层厚度，图文面积及分布，油墨特性，冲淡剂、喷粉的使用，墨层干燥情况等）的影响。

出版物的覆膜质量应符合国家行业标准 CY/T 7.4–91 的规定，主要质量要求和检验方法如下：

①根据纸张和油墨性质的不同，覆膜的温度、压力及胶黏剂应加以适当

的选择。

②覆膜黏结牢固。表面干净、平整、不模糊、光洁度好、无皱折、无起泡和粉箔的痕迹。

③覆膜后分割的尺寸准确、边缘光滑、不出膜、无明显卷曲，破口不超过 10mm。

④ 覆膜后干燥程度要适当，无粘坏表面薄膜或纸张的现象。

⑤覆膜后放置 6~20 小时，产品质量无变化，如有条件用恒温箱测试。

（五）覆膜的环保问题

覆膜后的纸张因无法回收而成为一种白色污染，且覆膜过程中有甲苯、香蕉水等挥发性有机溶剂，损害人体健康。在倡导"保护环境，保护资源"的今天，塑料覆膜工艺在欧美等国家已属淘汰工艺，有些欧美国家甚至拒绝有塑料覆膜的各种包装物进口。虽然现在已有水性塑料覆膜工艺和热熔预涂膜干式塑料复合工艺，但前者仍未能解决覆膜印刷品废弃物无法降解无法回收的问题，后者在生产过程中需要大量热量，而且废弃物需在 60℃的水中才能进行纸、塑分离，成本较高。

随着环保意识的提高，新的科技成果将淘汰旧工艺的产品，使覆膜工艺发生质的变化，"无毒、无害、绿色环保"自然成为覆膜工艺必然的发展趋势，而更环保的上光工艺也因此被看好。

三、上光

上光是采用涂、喷或印刷的方法在印刷品表面增加一层无色透明的涂料，即上光油，经流平、干燥、压光处理后，在印刷品表面形成一层薄且均匀的光亮层。上光增加了印品表面的光泽度，也提高其挺度，同时上光后的印品废弃物可回收再利用或自行分解，不污染环境，所以上光是一种很有发展潜力的加工工艺，有可能逐步占领塑料覆膜工艺市场。

上光油的种类很多，有挥发性上光油（一般纸张上光应用）、涂层防护上光油（纸板上光应用）、热胶合上光油（皮货包装及漆器包装用）、流延上光油（上光后要进行压光）、双成分上光油、紫外线固化上光油等。

上光油尽管种类很多，但其组成大体相同，由主剂（成膜树脂）、助剂和溶剂等组成。主剂决定上光后膜层的品质及理化性能，如光泽度、耐折性、后加工适性等。助剂是为改善上光油的理化性能及加工特性而加入的辅助剂，例如为改善主剂树脂的成膜性、增加膜层内聚强度而加入的固化剂，为降低上光油的表面张力、提高其流平性而加入的表面活性剂，还有消泡剂、增塑剂等。各类助剂用量一般不超过总量的5%。溶剂的主要作用是分散、溶解主剂和助剂。上光油对溶剂的溶解性、挥发性等项指标要求较高。上光油的毒性、气味、干燥、流平性等一些理化性能同溶剂的选择直接有关。

印刷品的上光工艺过程一般包括上光油的涂布和压光两项操作。上光油的涂布指采用一定的方式在印刷品表面均匀地涂布上一层上光油，常采用的方法有喷刷涂布、上光涂布机和印刷机上光单元联线涂布。

①喷刷涂布。分为喷雾上光涂布和涂刷上光涂布两种方法。喷刷涂布都是手工操作，速度慢、涂布质量差，但是该类方法操作方便，灵活性极强，适用于表面粗糙或凹凸不平的印刷品或各类异型印刷品（如包装纸盒）的上光涂布。

②上光机上光。上光机上光是目前应用最普遍的方法。上光机设有涂布装置、干燥装置、印刷品输入（输出）装置，适应各种类型上光油的涂布加工。涂布中可实现涂布量的准确控制，涂布质量稳定可靠，适合各种档次印刷品的上光涂布加工。

③印刷机联线上光。联线上光即把上光机组联接在印刷机机组之后，当印刷完成后，印张立即进入上光机组上光。联机上光有辊式上光装置、机组式上光装置、可缩进式上光装置等几种。联机上光的特点是速度快、效率高、加工成本低，减少了印刷品的搬运，克服了由喷粉所引起的故障，但其对上光涂料、干燥设备以及上光设备的要求都相当高。某些机型的上光机组与最后一色印刷机组组合在一起，需要上光的时候，这个印刷机组用于上光，不

需要上光时候，这个机组用于印刷专色。

上光操作工艺原理比较简单。现在多采用网纹辊上光方式。网纹辊的下半部分浸在贮油槽内的上光油中，随着网纹辊的旋转，将上光油带在网纹辊网穴中转出，用刮刀刮去多余的上光油，网穴中的光油通过橡皮布转印到印刷品的表面，完成涂布操作。网纹辊网穴大小，决定了上光油的涂布量，网纹辊也因为能够对上光油的涂布量进行控制而得到广泛的应用。

上光操作可以是满版上光，也可以是局部上光。局部上光上只对印刷品中的局部区域进行上光，使其光泽度与纸张其余部分的光泽度形成对比，产生特殊的装饰效果。局部上光在书刊封面上常用在主要图文元素上，使书名或局部图像与其他图文区分开来，特别是UV局部上光，因为光油结膜后具有很高的光泽，这种效果深得出版社美术编辑的偏爱，因此是目前使用较多的一种书刊封面上光方式。

印刷品涂布上光油后，再送到干燥通道烘干。干燥方式可采用热风干燥、微波干燥、红外线辐射干燥、紫外线固化干燥和电子束固化干燥。尤其是紫外线固化干燥的工艺，在目前得到迅速的发展。紫外线固化干燥的上光方式，也常称为UV上光。它所采用的光油里含有遇到紫外线辐射后能够打开游离键的光引发剂，由此触发UV光油中不饱合树脂产生交联反应，使涂布的光油能够在瞬间干燥。UV上光可以有光泽的、亚光的上光方式，其上光效果得到用户的欢迎，因此UV上光现在正迅速成为上光的主要方式。

上光干燥后的承印物如果再经过压光机的压光，可以使印刷品表面形成镜面反射的效果，从而获得高光泽。

根据国家行业标准CY/T17-95的规定，上光质量应达到下述要求：

①外观要求：表面干净、平整、光滑、完好、无花斑、无皱折、无化油和化水现象。

②根据纸张和油墨性质的不同，光油涂层成膜物的含量不低于$3.85g/m^2$。

③A级铜版纸印刷品上光后表面光泽度应比未经上光的增加30%以上，纸张白度降低率不得高于20%。

④ 印刷品上光后表面光层附着牢固。

⑤ 印刷品上光后应经得起纸与纸的自然摩擦而不掉光。

⑥在规格线内，不应有未上光部分，局部上光印刷品，上光范围应符合规定要求。

⑦印刷品表面上光层和纸张无粘坏现象。

⑧印刷品上光层经压痕后折叠应无断裂。

四、压凹凸

压凹凸也称凹凸压印、压凸纹印刷，是印刷品表面装饰加工中一种特殊的加工技术。压凹凸使用凹面印版和凸型复模，利用压力，但不用油墨在已印刷完成的印刷品或承印物表面，使印刷品基材发生塑性变形，压出凹凸图文的一种工艺方法。

图 2-6 压凹凸

压凹凸形成的各种凸起或凹下的图文和花纹显示出深浅不同的纹样，具有明显的浮雕感，增强了印刷品的立体感和艺术感染力。凹凸压印是浮雕艺术在印刷上的移植和运用，其印版类似于我国木版水印使用的拱花方法。印刷时，直接利用印刷机的压力进行压印（但不使用油墨），操作方法与一般凸版印刷相同，但压力要大一些。如果质量要求高，或纸张比较厚、硬度比较大，也可以采用热压，即在印刷机的金属底版上接通电流。

凹凸压印工艺在我国的应用和发展历史悠久，除应用于书刊装帧、日历、贺卡等出版物的印刷装帧外，也用于包装纸盒、装潢用瓶签、商标等领域。

凹凸压印根据加工效果的不同有以下几种工艺方法：

（一）单层凸纹

印刷品经压印变形之后，其表面凸起部分的高度是一致的，没有高、低层次之分，并且凸起部分的表面近似为平面。

单层凸纹压印工艺，设计及加工中应根据被加工印刷品的性能统筹考虑，一般是：承印纸张强度大时，图文凸起高度可适当大一些；承印纸张薄，抗张强度低时，图文凸起高度可适当小一些。另外，印刷品的表面是否经复合后处理、复合材料的种类性能以及采用何种方法、凸起图文的疏密程度和线条粗细等也应同时予以考虑。

（二）多层凸纹

印刷品经压印变形之后，其表面凸起部分的高度不一致，有高、低层次之分，并且凸起部分的表面近似于图文实物的形状。

多层凸纹压印工艺，必须根据印刷品的图文性能，以及实物的基本结构关系，做到压印后的图文层次清楚、深浅适宜，既能满足人们欣赏的视觉和心理要求，又不失真实，重点醒目、突出、深浅适宜。

（三）凸纹清压

印刷品经压印变形之后，凸起部分同印刷品图文边缘相吻合，中间部位的形态、线条则可稍微自由一些，不必完全重合。

凸纹清压加工时，要从总体效果考虑，边线轮廓线一定要准确清晰，中间部位的繁简处理要适当，图文凸起后应能使被加工印刷品图文重点突出，做到局部和整体和谐统一。

（四）凸纹套压

印刷品经压印变形之后，凸起部分同印刷品图文不仅边线相吻合，中间部位的每一个细部也要相吻合。

凸纹套压时，由于要求边缘、中间部位凸起后同印刷品图文都要准确无误、完全吻合，所以印刷中，印刷品的套印程度、整批产品的规矩和规格、承印纸张的环境适应性以及阴阳版的制版误差、机器的设计精度等都应同时考虑，如果稍有欠缺，则很难达到理想的加工效果。

压凹凸时，凸起部分同印刷品图文的结合形式，通常有以下几种：

（1）完全重叠在一起，凹凸的层次和形状以印刷图文为基础的直接结合形式。直接结合通过凹凸部分的层次和形式，增加了印刷图文的立体感和真实感，效果直观形象。

（2）两者虽处于同一印刷品表面，但没有任何重叠部分的间接结合形式。间接结合的凹凸部分与印刷图文互相补充，相应生辉，给人以新颖之感。

（3）凸起部分有一部分同印刷图文重叠，而另一部分则单独存在的混合结合形式。混合结合的凹凸部分同印刷图文主辅相依、巧妙衬托，增加了产品的变化感，丰富了产品的表现能力。

（4）凸起部分所在表面，只有压凹凸图文，而没有任何印刷图文的素凸。素凸使产品华贵大方，显得十分高雅。

目前使用的凹凸压印的设备有平压平式压印机和圆压平式卧式压印机。

五、模切和压痕

模切和压痕工艺是根据设计的要求，使印刷品的边缘裁切或冲压成为各种形状，在印刷品上增加某种特殊的艺术效果及达到某种使用功能。把承印物冲切成一定形状的工艺称为模切；利用钢线通过压印，在承印物上压出痕迹或留下利于弯折的槽痕的工艺称为压痕。

模切用的印版称为刀版或轧刀。常用的刀具是带锋口的钢线，在夹具上弯成各种所需要的形状，再组成"印版"。圆压圆形式的模切装置又称轮转模切机，其使用的模切压痕版（滚筒形式）分为两种，第一种是用完整的材料雕刻而成的，这种刀具的制作需要专门的设备，成本较高，但经久耐用；第二种是模切压痕版，做在一个薄的铁皮上，再包在滚筒上面而制成的。压痕线的版材也是钢线，只是比刀线略低，没有锋口，特殊图形用的无缝刀具用整块钢版制成的。

平面形的模切压痕版的制作，大致分为两个阶段：第一阶段先做好底版，第二阶段将钢线剪好，按切线轨迹弯制成各种刀型，排放在底版内。

模切压痕底版有金属底版和木板底版两种。金属底版有浇铅版、钢型刻版等几种。木板底版有胶合板、木板、锌木合钉板等种类。我国目前模切压痕版主要采用多层木胶合板。就是把拼版设计图转移到厚度为15~22mm的胶合板上，在线条处钻洞锯缝，再把模切刀和压痕线先按照每段盒型刀线的长度将模切刀或压痕线进行裁剪、弯曲成相应的长度和形状。然后把模切刀线和折缝线嵌到木板上，制成模切版。用来对模切刀和压痕线加工的专用设备主要有刀片裁剪机、刀片成型机（弯刀机）、刀片冲孔机（过桥切刀机）、刀片切角机等。以前多采用手工操纵刀线加工设备铡切加工，现在普遍采用CAD（计算机辅助设计）刀具成型系统软件进行加工。CAD软件可以自动计算出模切刀和压痕线的长度及搭桥缺口的尺寸（为保证模切版不散版，在大面积封闭图形部分要留出两处以上不要切断，过桥宽度在3~9mm左右）并传送给由计算机控制的刀具成型机进行开槽、切角、弯曲和切断。由于采用了液压弯刀、液晶显示、液压传动和游标定位，可有效地保证刀具成型的精度。

模切压痕版也有用纤维塑料板和三文治钢板的。纤维塑料板的材料为玻璃纤维强化塑料，即使在温度和相对湿度有明显变化的情况下也不会发生明显的尺寸变化。在制作过程中，采用计算机控制的高压水喷射切割工艺，能保证加工精度又避免因激光切割开槽时产生的气体和烟雾所带来的环保问题。三文治钢板指的是上下为钢板，中间采用合成塑料填充料结构，与之相配套使用的底模版（背衬）也采用钢板材料，其优点是使用寿命长、精度高。

模切压痕的主要工艺过程为：上版→调整压力→确定规矩→粘贴橡皮条→试压模切→正式模切压痕→清废→成品检查→点数包装。

模切压痕版制作好后，校对一下，大致观察是否符合设计稿的要求。钢线（压线刀）和钢刀（模切刀）位置是否准确；开槽开孔的刀线是否采用整线，线条转弯处是否为圆角。为了便于清废，相邻狭窄废边的联结是否增大了连接部分，使其连成一块；两线条的接头处是否出现尖角现象；是否存在尖角线截止于另一直线的中间段落的情况等问题。然后，把制作好的模切版，安装固定在模切机的版框内，初步调整好版的位置。

调整版面压力时先调整钢刀的压力。垫纸后，先开机压印几次，以便把钢刀碰平，然后用大于模切版版面的纸板进行试压，根据钢刀切在纸板上的切痕，采用局部或全部逐渐增加压或减少衬纸层数的方法，使版面各刀线压力达到均匀一致。为了使钢线和钢刀均获得理想压力，应根据所模切纸板的性质对钢线的压力进行调整。通常根据所模切纸板的厚度来计算垫纸的厚度，即垫纸的厚度 = 钢刀高度 − 钢线高度 − 被模切纸板的厚度。

在版面压力调整好后，将模切版固定好，然后确定规矩位置。一般最好让被模切的产品居中。橡皮弹塞应放在模切版主要钢刀的两侧版基上，利用橡皮弹条良好恢复性的作用，将分离后的纸板从刃口推出。上述工作完成后，先模切出样张，进行全面检查看各项指标是否符合要求。待专职检验人员签样确认后，即可进行批量生产。

生产过程中，操作人员应不定期进行自检。主要是和样张进行比较，看是否存在问题及时进行解决。对模切后的产品应去除多余的边料，然后对有毛刺的边缘进行打磨，使其光洁无毛边。随后对成品进行挑选检查，剔除残次品，最后点数、包装、验收、入库。

用于模切压痕加工的设备称为模切机，根据模切版和压切结构主要工作部件形状不同，目前市场上常见的模切机有三类：平压平型模切机、平压圆型模切机和圆压圆型模切机。模切机的结构都是由模切版台和压切机构两大部分所组成。平压平型的模切机的模切版台和压切机构都是平面状的，印刷品所承受的压力很大。平压圆的模切版台和压切机构有一个是滚筒状的，而圆压圆的模切版台和压切机构都是滚筒状的，其模切时是采用线压力，印刷品承受的压力可以小很多。圆压圆型模切机适应未来印后加工工艺的机械化、联动化和自动化的要求，目前在印刷机上联线的模切压痕装置基本上是圆压圆型的。由于模切压痕机构和印刷机械连成一条生产线，实现联机化操作，能有效地减少劳动力的需求、缩短工艺流程、降低工艺过程中的损耗，从而提高生产效率，降低劳动成本，获得更大的利润。

第六节 数字印刷与按需出版

实训目标

1. 了解数字印刷机及数字印刷机的分类，了解数字印刷机与印后联线的基本原理；

2. 熟悉数字印刷机的优点，熟悉按需印刷的优势；

3. 掌握数字印刷机在按需出版的用途、地位及作用。

实训任务

在指导教师的指导下，操作数字印刷机；通过采用数据处理技术、数字印刷和网络系统，将出版信息全部存储在计算机系统中，需要时直接用数字印刷机印刷并装订成书。

一、数字印刷

利用印前系统将图文信息直接通过网络传输到数字印刷机上印刷的一种新型印刷技术。数字印刷系统主要是由印前系统和数字印刷机组成。有些系统还配上装订和裁切设备。

工作原理：操作者将原稿（图文数字信息）或数字媒体的数字信息或从网络系统上接收的网络数字文件输出到计算机，在计算机上进行创意加工，修改、编排成为客户满意的数字化信息，经 RIP 处理，成为相应的单色像素数字信号传至激光控制器，发射出相应的激光束，对印刷滚筒进行扫描。由感光材料制成的印刷滚筒（无印版）经感光后形成可以吸附油墨或墨粉的图文然后转印到纸张等承印物上。

二、数字印刷流程

数字化模式的印刷过程，也需要经过原稿的分析与设计、图文信息的处理、印刷、印后加工等过程，只是减少了制版过程。因为在数字化印刷模式中，输入的是图文信息数字流，而输出的也是图文信息数字流。相对于传统印刷模式的 DTP 系统来说，只是输出的方式不一样，传统的印刷是将图文信息输出记录到软片上，而数字化印刷模式中，则将数字化的图文信息直接记录到承印材料上。

三、数字印刷成像原理

数字印刷机成像原理不同，对所用数字印刷油墨的组成性能、性状的要求也不同。目前使用的数字 ElSiJ 设备的成像原理可以分为六大类。

1. 电子照相

又称静电成像，是利用激光扫描方法在光导体上形成静电潜影再利用带电色粉与静电潜影的电荷作用，将色粉影像转移到承印物上完成印刷。

2. 喷射成像

油墨以一定的速度从微细喷嘴有选择性地喷射到承印物上实现油墨影像再现。喷墨印刷分为连续喷墨印刷和按需喷墨印刷。连续喷墨系统是利用压力使墨水通过细孔形成连续墨流，高速作用下墨流变成细小液滴之后使液滴带电，带电的墨滴可在电荷板控制下喷射到承印物表面需要的位置而形成打印图文。墨滴偏移量和承印物上墨点位置由墨滴离开细孔时的带电量决定。

按需喷墨与连续喷墨的不同在于，作用于储墨盒的压力不是连续的，而是受成像数字信号的控制，需要时才有压力作用而喷射。按需喷墨由于没有墨滴偏移，可省去墨槽和循环系统，喷墨头结构相对简化。

3. 电凝聚成像

电凝聚成像是通过电极之间的电化学反应导致油墨发生凝聚，并固着在成像滚筒表面形成图像，没有发生电化学反应的空白区域的油墨仍然保持液态可通过刮板刮除，而滚筒表面由固着油墨形成的图文通过压力即可转移到承印物上，完成印刷。电凝聚数字印刷机的代表机型是 EIcorsy 公司的产品，分辨力为 400dpi。

4. 磁记录成像

磁记录成像是依靠磁性材料的磁子在外磁场作用下定向排列形成磁性潜影，再利用磁性色粉与磁性潜影在磁场力下相互作用完成显影，以磁性色粉转移到承印物上形成图像。这种方法一般只用于黑白印刷。

5. 静电成像

静电成像是应用最广的数字印刷成像技术，它是利用激光扫描法在光导体上形成静电潜影，利用带电色粉与静电潜影间的电荷作用形成潜影，转移到承印物上即完成印刷。以显影方式不同分为两种，一种是采用电子油墨显影，分辨力达 800dpi，以 HPIndigo 为代表。另一种是采用干式色粉显影，分辨力为 600dpi Xeikon、Xerox、Agfa、CanonKodak、ManRoIand 和 IBM 等的数字印刷机都采用此方法。

6. 热成像

热成像是以材料加热后物理性能的改变在介质上成像的，分为直接热成像和热转移成像。直接热成像是使用经专门处理的带有特殊涂层的承印材料，加热后涂层发生颜色转变。热转移成像的油墨涂布于色带上，对色膜或色带加热即转移到承印材料上，成像质量可达照片级。

四、数字印刷油墨

1. 干粉数字印刷油墨

干粉数字印刷油墨由颜料粒子助于电荷形成的颗粒荷电剂与可熔性树脂混合而形成的干粉状油墨。带有负电荷的墨粉被曝光部分吸附形成图像转印到纸上的墨粉图像经加热后墨粉中树脂熔化，固着于承印物上形成图像。

2. 液态数字印刷油墨

液态数字印刷油墨常用于喷墨印刷，油墨种类与喷墨头结构有关。喷墨头可分热压式及压电式两大类，而压电式有高精度和低精度2种。EPSON的喷头属于高精度喷头，Xaar及Spectra的喷头属于低精度喷头。高精度喷头多采用水性染料或颜料油墨，后者以采用溶剂型颜料油墨居多。

与传统油墨不同的是，电子液体油墨在介质上的固化不依赖于墨膜干燥时间，而是遇到高温(130℃)橡皮布立即固化在橡皮布上，橡皮布上的油墨图文再100%地转印到纸或其他介质上。另一方面，电子液体油墨的基本材料是新型树脂材料，它的微观形状为多边形，在压力作用下不像传统油墨容易扩散，而是结合紧密与纸张或其他介质接触后立即固化，使印刷图像更加清晰，网点边缘稍有虚化及扩散。

电子液体油墨分为水性油墨和油性(溶剂型)油墨。水性油墨由溶剂、着色剂、表面活性剂、pH调节剂、催干剂及必要的添加组成。对于热压式喷墨印刷系统来说，只能选用水性油墨。按需喷墨印刷油墨通常也是基于水性的油墨。

3. 固态数字印刷油墨

固态数字印刷油墨主要应用于喷墨印刷，其在常态下呈固态，印刷时油墨加热，黏度减小后而喷射到承印物表面上。固态数字印刷油墨由着色剂、荷粒电荷剂、黏度控制剂和载体等成分组成。

4. 电子油墨

电子油墨是用于印刷涂布在特殊片基材料上作为显示器的一种特殊油墨，由微胶囊包裹而成，其直径在纳米级。微胶囊内有许多带正电的白色粒子和带负电的黑色粒子，且分布在微胶囊内透明液体中。当微胶囊充正电时，带正电的微粒子聚集在朝向观察者一面，而显示为白色，充负电时，带负电的黑色粒子聚集在观察者一面，而显示黑色。粒子的位置及显示的颜色由电场控制，控制电场由高分辨力的显示阵列底板产生。

5. UV／EB 油墨

所谓 UV／EB 油墨就是利用紫外光固化或电子束能量固化的油墨，UV／EB 油墨类辐射固化油墨在喷墨印刷中的应用日益广泛。UV 油墨在数字印刷中的最大特点是稳定性好，只在 UV 光照下固化的优势可以有效避免打印头堵塞，延长打印头的实际使用寿命。但不足之处是，采用 UV／EB 油墨打印将导致印刷速度降低，比如说油墨供应环节的限制以及大量油墨通过打印头的速度等。目前，Xennla 的新型 XenJetVivide 系列 CMYK 颜料型 UV 固化油墨已经通过了 Xaar 公司的认证，并将这种新油墨用在 Omnidot760 打印头上。

现在，世界范围内数字印刷油墨的研究正方兴未艾，各数字印刷机生产厂家如 Canon、HewlettPackard、EPSONScitexXeikon、HPIndigo 等都根据自己数字印刷机的特性而研究开发出适应其系统特性的数字印刷油墨。另外，全球其他著名的油墨制造商，如 DIC、太阳化学、富林特、SakataInxCorp 等公司也都开始涉足数字印刷油墨的开发与生产。

五、按需印刷和按需出版

（一）按需印刷

按需印刷（Print On Demand，简称 POD）是按照不同时间、地点、数量、内容的需求，通过数字印刷技术实现出版行业整个流程的全新改造来适应个性化、短版化、高效率的现代市场需求，特别适用于一些定向较窄、专业性强、可变性强、批量较小的印刷。按需印刷是先进的数字、技术和喷墨印刷或电子照相印刷技术相结合的新型印刷工艺，其操作过程是将图书内容数码化后，用电子文件在专门的激光打印机上高速印制书页，并完成折页、配页、装订等工序。

按需印刷具有以下的优势：

①不受数量限制。它可根据客户实际需要，向客户提供个性化服务，且不受订购数量及形式限制。传统出版中，一些专业性强、读者面窄、需求量少的图书，出版社往往基于经济效益的考虑而不愿意出版。按需出版则为印刷数量少、品种多的出版物创造了便利条件，出版社可以实现零库存，同时亦满足读者对开本、字体等的个性化需求，充分体现为读者服务的原则。

②市场反应快捷。以往在小批量印刷中最常用的小胶印由于基本沿袭传统印刷的制版、印刷方式，操作繁琐，很难适应客户对印刷文件的时间要求。按需印刷的另一特点是：即时成书。过去，印刷需要一定印量，如今一本书也可以交付印刷。而且一本 1000 页的新书几分钟内便可完成打印及装订。

以后书店不再是大量图书排列在书架上，而只有样本或目录。读者想买某本图书，就告诉书店他需要什么字体、字号、尺寸、装订方法等。书店只要根据这些信息，在柜台上通过计算机网络，把读者需要的数据从出版社数据库中传到书店，再通过书店的输出设备打印出来，并装订成书。这样，书店的工作量可减少，可省去不少储存空间，还能解决图书绝版及印数问题。由于数码印刷的设备目前还比较昂贵，通行的做法是通过网络下订单，然后统一由出版社的输出部门打印装订，再将印好装订好的图书通过快递发送到读者指定的地点。一些出版社和数字印刷厂会把印好的书在 24 小时内送到城市里一些超市中指定的柜台，再由读者在超市购物的时候取走。同样，读者下订单也可以在这个柜台上进行。

③没有资金风险。通过按需付印，企业可摆脱传统财政负担，不必承担正式投放市场前为图书印刷、库存、投资所带来的风险，同时还能减少未售出去的图书昂贵的回购开支。以往从开始到收回资金的周期往往长达几个月，甚至几年。但现在出版社则不必顾虑发行量问题，而又能满足读者需求。按照目前的出版成本计算，有出版商估计，利用按需付印，即使每本书只印 100 本也能盈利，而采用传统胶印印刷，一本书至少需要数千册才能保本。

④能满足个性需求。按需印刷产品内容可根据顾客要求增减或重组，如

读者可选择自己喜欢的封面色彩、纸张、格式、正文字体、字号大小等。因为按需印刷采用数字印刷技术，在生产运作过程中没有固定印版。数字印刷的印版，是存在电脑系统中的整页版面，完全靠指令控制输出。

（二）按需出版

按需出版是在数字印刷出现以后发展起来的一种全新的出版方式，它通过采用先进的数据处理技术、数字印刷和网络系统，将出版信息全部存储在计算机系统中，需要时直接印刷成书，省去制版等中间环节，真正做到一册起印、即需即印。它突破了传统模式的印数限制，印量较少时，制作成本比传统印刷大大降低。按需出版适应于需求量较小的学术著作，专业教材，断版、绝版书等，这类图书由于成本等各种原因往往出版社不愿意出版，但市场对此类书的需求却越来越多，因此数字印刷满足了这个小领域的要求。

按需出版在国外比国内发展要快。美国是应用按需出版技术最广泛的国家。虽然按需出版的图书总量占美国图书印数总量的比例还不大，但是按需出版图书的品种和销售额所占比例远远高于此比例，2008年按需出版图书的种数已经超过了传统图书出版的总数。2010年的种数已经是传统图书出版总数的8倍。除美国之外，日本、德国、法国等国也在发展或正在积极发展按需印刷出版系统。总之，国外按需出版的发展已出现方兴未艾之势。

按需出版的前景乐观，但按需出版在出版业中的应用和发展并非一帆风顺。正在起步的国内按需出版所面临的问题不容忽视。

①图书样式少、装订简单。传统出版的图书开本样式多种多样，而按需出版印制的书本的尺寸大小通常都是固定的，开本样式比较单一，不能满足多样化图书出版的要求。而且按需出版图书的装订方式也比较有限，并且对于太厚、太薄或需要精装的图书，装订都有困难。

②数字印刷成本高。图书定价一般应是制印成本的3~4倍。我国图书定价相对偏低，而数字印刷成本偏高，彩色数字印刷价格更高，若封面和内文全部采用彩色印刷，则出版成本更高。数字印刷目前要印刷大众图书还受

到成本的制约。

③书号管理问题。"一本起印"的按需出版也带来了新的问题,每种图书印数虽少,但品种却可能成千上万,这就必然要占用大量的书号,在我国目前对书号总量进行调控的出版管理制度下,按需出版业务对书号如此大量的需求,显然无法得到满足。

④赢利模式问题。按需出版作为新的出版方式,还没有比较成熟的赢利模式。从较早开展按需出版业务的出版社的情况看,限制其发展的并不是先期资金投入问题而是利润问题。近年来,电子出版和网络出版的快速发展也使按需出版受到了一些影响。按需出版要像传统出版一样成熟起来,获得稳定、可观的效益,还要假以时日。

⑤我国出版业体制问题。我国的出版业由于一直受政策保护,缺乏市场竞争,经营观念保守落后,缺乏创新意识;对新技术、新观念的接受比较被动。在国外,与读者接触最直接的中间商是按需出版的主要经营者,而在我国,作为重要中间商的新华书店系统,由于没有出版资质,而且数字化处理技术的基础非常薄弱,很难胜任应用按需印刷技术的主角。

从上述按需出版中存在的问题来看,要真正实现按需出版的市场化还有很多问题需要解决。

从美国两家按需出版公司的经营参数显示,月印量达到五六千万印数以上时,通过批量采购和专门维护来降低维护成本,公司才能盈利。在我国做按需出版,最大的瓶颈是价格,体现在数字印刷价格与传统胶印价格的巨大落差上。只有大规模才能降低成本,才能出效益,提高竞争力。

六、数字印刷机与印后联线

数字印刷对于出版行业带来的主要影响是"按需印刷"。数字印刷能够轻松完成短版书刊印刷,但是它却没有丰富的印后加工方式与之相配合。数字印刷的产品都是要经过印后加工处理,如果遇到有印后加工方面的要求,厂家只能把印品外发到各类装订厂,以及一些大型胶印厂的装订车间去加工。

数字印刷厂商发现外发装订耗费的时间比完成印刷所需的时间还要长。

随着数字印刷的不断兴起，数字印刷企业最为迫切的一个需求就是获得一种快速的、一步到位的按需印刷后加工方式，顾客希望的交货期限越来越短，因此在印后加工环节浪费时间是很不划算的。提供快速的印后加工服务来满足顾客对交货期限的要求变成数字印刷者取得成功的关键所在。

彩色数字印刷公司的数量以及彩色数字印刷的设备的数量都在飞速增长，从印刷企业相互竞争的角度来看，与市场上一些不能进行印后加工的企业相比，添加高效装订设备的数字印刷企业能在从印刷、印后加工到交货整个工作流程上以更快的交货时间、更低的成本提供更全面的服务。这样，整个流程时间和成本上的节省就成为一个很强大的竞争利器。

目前的数字印刷的印后加工流程涉及到3种解决方案，数字印刷厂家可以根据自身的情况来选择不同的方案。这三种方案是：

①添加联机印后加工设备；

②在印刷设备附近添加独立的印后加工设备；

③安排好自己的印后加工供应商。最后的这种方案可能最不令人满意，因为外发装订以及货物的送出和返回都会耽搁很多时间。

数字印刷公司之所以把许多印刷作业外发到印刷厂印刷都是因为有印后加工的需要。有的公司为了减少短版印刷和印后的外部商业开支，将会添置一些办公用的数字复印机等，同时还会配备一些印后加工设备。这样，许多印刷作业就可以在办公室内部完成，不用再送到印刷厂去加工。不过办公用的数字印后设备规模和工作能力与印刷厂的专业印后设备相比，质量和规模要相差许多。作为出版社，为了避免出版活件被数字印刷企业外发，或者避免低廉的印后加工，最好能事先了解一下他们的印后设备以及印后加工的工艺。

在数字印刷发展多年后，许多印后加工设备的厂商也开始开发出一些适于数字印刷的印后加工设备。这些设备很多是联线应用的。但是这些联线设备起步较晚，而且联线加工设备能够加工的规格目前还比较单一，因此目前脱机的印后设备比联机设备应用得要多一些。事实上，大多数的数字印刷工作的印后加工还是用脱机设备完成的。这样做会产生很多浪费：需要很多的开机准备时间，在操作处理上需要更多的时间来完成一个工作，还需要来回运输的时间。不过，对于有些印后加工的工作，还是脱机处理更适合一些。

对于具有胶印设备和数字印刷设备的厂家来说，脱机装订设备一直很好地服务于胶印，随着短版的数字印刷工作数量的增加，脱机装订设备就必须身兼二职，既要服务于传统胶印又要服务于数字印刷，这样就不可避免会带来工作安排上的冲突和混乱。

现在，联机印后设备似乎已经开始流行，因为印刷企业认为联机设备可以自动传递印刷品来完成印后加工，并且还可防止对印品的损害。它不需要印品在印刷单元和印后单元之间的来回搬运，只需一个操作员就可完成整个印刷过程。这样可以提供高质量的流程管理，如果发现错误，操作人员可在印刷或印后加工的过程中直接停下生产线加以修正。

但是，联机形式的数字印后设备在开发时会遇到很多问题，例如静电会带来一些物理问题；墨层、材料也容易受到磨损、擦伤和折裂；印刷速度和印后加工速度不匹配。早期的联机印后设备还有数据界面不匹配而不易同印刷设备相连接的问题。发展了的联机印后加工设备基本实现了数据接口的匹配问题，也能加工无数较轻的纸张，生产能力也得到进一步改善，可装订8~148页的书。随着UP3i（一个由一些数字印刷商组成的组织制订的接口，用于把普通印刷机的印前、印刷、印后的接口连接起来）的引进，接口匹配问题得到解决，促进了印刷和印后的数据传输。尽管它仍然要受制于标准化的格式，不过现在，它已经得到Duplo、Hunkeler、IBM、奥西和施乐的支持。一旦形成标准化，它将对各式印后装置的操作使用会起到很大的促进作用。

随着数字印刷的速度越来越快，与之相配的印后设备仍然是一个瓶颈。虽然数字印后设备目前已经初成气候，但是存在的问题也不少。由于绝大多数设备是进口的，因此，目前数字印后设备的价格普遍偏高，动辄上百万元的售价，让很多潜在用户采取了观望的态度。虽然中国在印后设备制造领域已经迅速发展成为一个大国，中国印后产品的制造水平与国际先进水平之间的差距正在缩小，但是用于数字印刷的印后设备，需要数字印刷在国内发展到一定水平后才会出现。现在对数字印后设备应用持积极态度的是机关文印部门，这些部门在采购设备时考虑更多的是方便、快捷，对成本则不是非常敏感；而占数字印刷市场很大份额的快印领域、数字影像服务领域，对于数字印后设备的问津很少。这其中，设备价格无疑是一个非常重要的原因。

第三章

纸张与纸张用量计算

本章重点

图书在选择纸张的规格时，除了要注意纸张的幅面尺寸，还要选择合适的定量。一般在满足印刷和使用要求的前提下，应尽量选择定量较小的纸张，这样可以降低出版物的成本。在所用纸张的品种和规格选定以后，还要十分慎重地选择纸张的质量等级。也就是说，要熟悉各个造纸厂各种产品的特点和质量状况，并随时了解和掌握其变化情况。

在所选用的纸张品种、规格、生产厂家和质量等级确定之后，还要注意在出版印刷过程中最好使用一个厂家在同一时期生产的纸张产品来印制同一本书。否则，由于不同厂家在不同时期生产的同一品种的纸张色泽往往有较大差别，将会使印制的书籍发生"夹芯"的现象。

趣味导读

为什么书籍的纸张有多种尺寸？

书籍的尺寸是怎么确定的？作者交稿后，编辑根据图书的特点确定版面、版心、字号等交给排版部门排版，这时候图书的尺寸就已经确定，而跟印刷厂无关。编辑的审美标准和个人喜好是多种多样的，造成图书的尺寸也多种多样。

图书的开本要考虑读者的需求，大部分的读者对于图书尺寸的选择不是一成不变的。

正因为纸张规格的多样性，造成同样开本的图书大小不一。编辑在选择图书尺寸时，首先要考虑用什么型号的纸张，然后确定开本，那么这本书的尺寸就基本确定了，这样选择的出发点是经济性，简单说就是省纸。

为了突出图书的个性化，编辑也会选择异型开本，这时纸张的经济性就不是主要考虑的因素了，与图书内容、市场、营销等的匹配就更重要了。

国家标准对一般图书是推荐标准，而非强制标准，所以从标准上不强求统一。但并非没有通用标准，中小学教科书在印制上就是有严格规定的，具体见 GB/T 18358-2001「中小学教科书幅面尺寸及版面通用标准」和 GB/T 18359-2009「中小学教科书用纸、印刷质量要求和检验方法」。

最后补充一个影响图书尺寸的特例，我们偶尔会看到同一版次的图书大小不一。图书行业的退货现象严重，退回来的书书脊、封面有轻微破损而正文完好，大量退书不能使用是很大的浪费，这时就会更换封面然后到印刷厂再切几刀重新装订，这样的书就会瘦一圈。

发散思维

1. 查看一下你手边的书，看看它们的开本大小如何，同一类书籍的开本大小有无规律可循？

2. 观察一下市面上书籍采用何种开本居多？

3. 假设你是编辑，你该怎样确定你负责图书的开本？

4. 你最喜欢哪种开本大小的图书？

第一节 纸张

实训目标

1. 了解各种书刊印刷纸张的印刷适性；

2. 熟悉纸张的规格及定量；

3. 掌握各种纸张的用途，针对不同的图书学会选择纸张。

实训任务

对照纸样，熟悉各种出版用纸的性能与用途，并针对不同图书选择纸张。

一、纸张的印刷适性

纸张是印刷行业所使用的重要的基本原料，纸张质量的优劣直接影响到印刷产品的质量。由于所用纸浆原料及造纸工艺的不同，所生产的纸张其本身固有性能有显著区别。即使是同一种纸张，在不同印刷方式下，其印刷适性也有明显的区别。在出版物印刷中，常用的纸张大都为铜版纸和胶版纸，铜版纸的平滑度和白度比胶版纸高，但弹性较差。在印刷过程中，由于纸张性能引起的故障，较常见的是纸张尺寸稳定性不好引起套印不准，纸张表面强度低引起的掉粉掉毛现象；纸张平滑度差、厚度不均匀引起的花斑或露白现象。

为了获得印刷质量优秀的印刷品，纸张和油墨必须是适性的材料才行。也就是说，要求纸张必须容易印刷，油墨除了颜色鲜艳，着色力强之外，还必须具有良好合适的渗透性、挥发性和结膜能力等。另外，印刷所用的胶辊、橡皮布、版材以及印刷车间大条件和印刷过程的操作等，也必须与印出优秀作品的需要相适应。

纸张的印刷适性一般有以下几个方面：

（一）平滑度

纸张的平滑度是指纸张表面光滑、平整的程度。纸张在抄制过程中，往往由于选用的纤维以及工艺处理的不同，致使纸面粗糙凹凸不平。

印刷的实质是油墨向纸面上的一种转移，油墨皮膜与纸张接触程度越好，即纸越平，越能印刷出好的印刷品。纸张的平滑度往往有左右印刷质量的作用。表面粗糙的纸张，很难得到理想的印迹，所以精细的印刷产品必须采用高级涂料纸，以保证复制效果。

（二）吸墨性

纸张的吸墨性指纸张对油墨中连接料吸收的程度，也可以说是纸的吸油性。吸墨性过大，印刷面干燥后，表面轻轻摩擦，颜料会发生脱落现象；吸墨性过小，印刷面不易干燥，易背面蹭脏。

不同的印刷产品，对所用的纸张吸墨性的大小要求是不一样的，如凸版印刷的纸张，要求有很强的吸墨能力，而胶印所用的纸张，却不要求有很强的吸墨性。

（三）含水量

指一定重量的纸张所含的水分重量与纸张总重量之比。用百分比来表示。纸张的水分随环境的温、湿度变化而变化。一般纸张的含水量多调节在 6.5%~7.5%，与车间温度 18℃~22℃、相对湿度 60%~70% 相适应，从而保证套印的精确性。

（四）丝缕

纸张的丝缕指纸张中大多数纤维排列的方向。

丝缕有纵丝缕和横丝缕之分。纵丝缕也称长丝缕，横丝缕也称短丝缕。纸在抄纸机中，其前进方向为"纵"，与前进方向垂直之直线方向为"横"。两个方向的物理性质不同，对印刷质量有一定的影响，如：纵丝缕的纸张比较挺直，含水量变化所引起的伸缩较横丝缕小，因而胶印多采用纵丝缕纸张印刷。

（五）抗张性

纸张的抗张性指纸张的抗张力和伸长率。

抗张力是纸张断裂时所能承受的最大负荷。一般用抗张强度仪测定一定宽度的纸条拉断时所需要的力，用公斤(Kg)表示。

伸长率是纸张被拉伸至断裂时的伸长与原来长度的百分比。

绝大多数的纸张，受拉力或压力后都有不同程度的伸长，尤其是与纸张丝缕相垂直的方向上伸长更为明显，给双面或一次多色印刷带来套印不准的弊病。

纸张应有足够的抗张性，要求在印刷过程中，虽受垂直印刷压力和平行拉力的作用，但不能断裂或产生较大程度的伸长。

抗张性在卷筒纸印刷中很重要，在较大拉力的轮转机作用下，抗张性差的纸张易被拉伸、断裂，纸张的运输无法正常进行，故应选用抗张性强的卷筒纸印刷。

（六）白度

白度指纸张洁白的程度。纸张的白度，直接影响印刷品的成色效果。白度较高的纸张，几乎可以反射全部的光，使印件上的色泽分明；发灰、发黑的纸张要吸收部分色光，难以如实表现印版上光亮和明暗部分的反差，因此，纸张的白度是印刷色彩鲜艳与否的基础。不同白度的纸张，所获得的印迹鲜艳程度是完全不同的。

（七）不透明度

纸张的不透明度是纸张透印的程度。在双面印刷中，一般都采用不透明度的纸张，以防止正面的印迹透印到纸张的反面。而在包装印刷中，为了能看见被包装的产品，又需要采用不透明度小的纸张。

(八) 施胶度

指纸张吸水性的强弱，即水在纸面上渗透和扩散的程度，表示纸张耐水性的大小。不同的印刷方法，对纸张的施胶度有不同的要求，一般对新闻纸可以不要求施胶度，凸版印刷用纸的施胶度约为 0.25 毫米，胶版印刷用纸的施胶度为 0.75 毫米。施胶度的数量是采用"标准墨水"划线法来测定的。

(九) 尺寸稳定性

对于纸张不管其水分是否发生变化，或是在印刷和加工处理及使用过程中，不管物理应力及机械应力是否发生变化，纸张保持其大小和形状不变。高度的尺寸稳定性对印刷纸类、建筑纸板、记录纸等是十分重要的。如纸张尺寸 0.02% 的变化就足以造成印刷困难，大气中 5% 或稍低一点的相对湿度的变化就能造成套印不合格。

除上述的各种性能外，纸张的色泽、酸碱度也与印刷有着密切的关系，正确处理纸张、油墨、印刷机械三者之间的关系，是保证印刷正常进行，获得优质产品的关键。

二、纸张的选用

纸张材料在印刷品的成本中占有很大的比例，要占到 40% 左右，因此合理地选择使用的纸张材料对于保证印刷品的质量和降低成本均有着十分重要的意义。纸张的选用原则主要是经济性、实用性和科学性，三者缺一不可。纸张的选用包括选择品种、规格、定量和质量等级等几个方面。纸张的选用包括选择品种、规格和质量等级等几个方面，不可只注重某一方面而忽视了其他方面。

(一) 纸张品种的选择

印刷品的种类繁多，要根据各种印刷品的具体特点选择所用纸张的品种，同时还要兼顾所使用的印刷机类型进行选用。例如，书刊中的彩色封面、插图、广告插页或海报印刷等可选用双面铜版纸或双面胶版纸；尤其是在铅印的年代，彩色图片或有网点的图片采用的是铜版印刷，因此需要使用价格高得多的铜版纸印刷，而正文则采用凸版纸印刷。现在大部分图书已经采用胶印印刷，即使是正文印刷，也往往使用胶版纸或胶印书刊纸进行印刷。对图像质量要求高的图书，如画册，还是需要采用铜版纸印刷。尤其是一些对色彩要求高的图像，如文物、服装样品、艺术品、绘画等，要求复制质量高，色彩还原好，就需要高档的铜版纸印刷。商标、传单等单面印刷品可选用单面铜版纸或单面胶版纸。字典、辞典、手册等工具书可选字典纸或薄书写纸。休闲类图书可选用轻型纸。一些图书采用什么纸张来印刷已经逐渐形成惯例，选择时可以参照同类产品使用。

选择纸张品种也要考虑印刷所用的印刷机类型。同样是印刷一般书籍，如果要在卷筒纸胶印机（俗称胶轮）上印刷，则需要选用卷筒纸，如果要在一般胶印机上印刷，则需选用单张纸。如果在凹印机上印刷，则需要使用凹版印刷纸。对于现在新兴的数字印刷，则需要有与喷墨印刷或电子照相印刷相对应的纸张，因为目前喷墨墨水对纸张的品种的要求还是比较苛刻的，并不是什么纸都能印刷。

出版社现在负责出版的人员大多数都了解印刷工艺，但即使这样，由出版社确定的也只是纸张的品种，至于使用卷筒纸还是单张纸，往往还是由印刷厂说了算。

1. 内文纸

（1）胶版纸

纸质平滑，白度好，伸缩性小，表面强度较高，价格相对低廉，符合大众对图书的审美需求。白度好，纸质致密，与使用轻型纸相比，同等页数的情况下成书要重出许多，显得有分量，但也会给人感觉成书沉重不轻便。胶版纸的色调、质感温和内敛，选用中上等档次再辅以恰当的装帧设计，能够创造出朴实、大气、舒服的文化感觉。以胶版纸作为内文纸已有很长的时间，所有门类的图书都在使用胶版纸，因此，如果不辅以好的版式设计，成书后给人的感觉会显得有些老套、落伍。

（2）铜版纸

纸质致密，光泽度好，洁白匀整，平滑度高。印制彩色内容比较鲜亮，色彩还原度高。符合大众对高档书的理解，成书厚重、沉稳。时尚感强，带有商业气息。不过，铜版纸的价格相对较高。同时，由于铜版纸的定量较大，最低80g/m²，一般的主流选择为105g/m²或128g/m²，因此成本相对比较高。铜版纸的纸质光亮，在灯光下阅读时，局部反光，阅读效果不佳。缺乏文化气息及历史感。成书沉重不便于携带。纸质致密不吸墨、表面光滑。如果读者需要在书上写字，则有笔尖打滑的现象，字迹很难优美，墨水难以速干。

（3）轻型纸

纸质松厚柔韧，不透明度高。印刷适性好，耐久性强。色泽柔和，有的微带黄色，有文化韵味，历史感强。但是四色印刷时的色彩还原不是太佳，有偏色现象。轻型纸的价格适中。挺度高，比相同定量的胶版纸的挺度高出15%~40%，弹性小。轻型纸的纸面相对粗糙，灯光下阅读反光小，感觉舒适。成书后轻便易于携带。纸质松厚，同等页数情况下，成书书脊比使用胶版纸或铜版纸要厚出1/4左右，使"薄书"做厚成为可能，这将直接影响读者的购买心理。但成书较轻，与体积不相称，在不太了解图书内容的读者看来会觉得不够厚重，不值得购买。轻型纸的吸墨量大，在印刷中油墨容易渗透到纸张纤维中，造成画面色度减弱，色彩不鲜亮，俗称"不托墨"。轻型纸的纸张弹性小，因为松厚度不同，装订后的书脊尺寸与通常算法下预估的尺寸有较大出入。预估轻型纸图书书脊厚度时，建议用实际纸张、实际页数制作假样书进行实际测量，以免产生较大误差而影响封面设计的准确。

除了以上三种内文纸外，近来，一些文化、艺术类图书使用了环保纸、纯质纸等。由于它们都具有纸色温和含蓄、不张扬，纸质细密的特点，因此，能够很好地传达出沉稳、平实，有文化韵味，有思想深度的图书内涵。这也反映了当今出版界一种崭新的趋向，即重新认识图书本质，强调图书内在品质，不求表面奢华，向纸介质图书的传统风貌回归。

2. 封面、扉页、环衬用纸

封面、扉页、环衬用纸的选用就属于书籍装帧的范畴，在纸张选用上根据书籍装帧的要求来选择。例如，可以使封面、扉页、环衬用纸与内文纸的风格协调。像文化性、思想性强的图书，以及内文使用轻型纸的图书，如果采用不会过于光亮、炫目的纸品，就可以在色彩上与内文纸基调一致。又例如，使封面、扉页、环衬用纸与内文纸的风格形成一定的对比反差，但在纸张质感上还是不要有反差为宜。一些书籍装帧的设计人员，在封面设计时不喜欢采用亮膜覆膜，就是要追求与内文纸质风格一致。

由于扉页、环衬常常被作者或购书人用来题字，因此，除了全书均为铜版纸的情况之外，最好避免使用铜版纸，这样能够在题字时让纸张吸墨，笔尖不打滑，有较好的题字效果。

此外，还有一些封面用纸的细节问题容易被忽略：

（1）纸张开裂的问题

对于一些松厚度较高的特种纸，由于纸张本身的质量或纹路肌理的原因，当印装完成后，可能会在勒口折叠处的边缘或压凹凸工艺凸起凹陷部分的边缘出现破口和裂纹，影响成书的美观，使特殊工艺难以收到预想效果。因此需要在确定纸样时，用力折叠纸样，察看折口是否有开裂现象。

（2）封皮耐脏的问题

特种纸封面在印制完成后是不覆膜的，因此，对于那些肌理粗糙的特种纸，应尽量避免选择白色等较浅的颜色，以免日后在打包、发货、销售过程中被污染，从而影响销售。如果因设计效果确实需要使用，则应对成书塑封。

3. 纸张的种类

印刷用纸的品种有 20 多种，但经常用的只有 10 多种。下面是出版物经常使用的印刷纸张。

（1）凸版印刷纸

凸版印刷纸简称凸版纸，是轻工业部在20世纪50年代初根据中国木材资源贫乏、草类资源丰富的国情，组织造纸厂研制生产的、适用于凸版印刷书刊用纸的新品种。定量有52g/m²、60g/m²和70g/m²。有卷筒纸和平张纸之分。卷筒纸的宽度787mm、880mm、850mm；平张纸的规格为787mm×1092mm、850mm×1168mm和880×1230mm。凸版纸分为A、B、C三个等级。可用于制造凸版纸的草类资源较多，有芦苇、麦秸、稻草、竹、甘蔗渣等，其中以苇浆最好。考虑到读者在书上批注时对纸张不洇水的要求，又要使纸在印刷过程中有利于油墨的渗透，在打浆过程中添加适量的胶料和填料，以80%左右草浆再配以20%左右木浆在长网机上抄造而成，也有用圆网机生产的。

（2）平版印刷纸

平版印刷纸又称双胶纸，简称平版纸，是平版印刷中应用较多的纸种，有卷筒纸也有平张纸，规格有787mm、850mm、880mm几种。定量有60g/m²、70g/m²、80g/m²、90g/m²、100g/m²、120g/m²、150g/m²、180g/m²多种规格。定量120g/m²、150g/m²、180g/m²等多用于图书插页、环衬、扉页等；60～80g/m²多用于画报、图书正文或彩色插页。平版纸分A、B、C三个等级，A、B级供高级彩色印刷之用，C级供普遍彩色印刷之用。还有一种单面平版纸，主要供印刷年画、招贴画使用，定量有40g/m²、50g/m²、60g/m²、70g/m²、80g/m²几种，平张包装，规格为787mm×1092mm、880mm×1230mm。分A、B、C三级。平版纸是用漂白化学木浆搭配棉浆、竹浆、龙须草浆等经表面施胶超级压光而成。

（3）铜版纸

铜版纸是我国印刷界的俗称，正式名称应该是印刷涂料纸。在20世纪40年代以前，复制古典油画等高级绘画艺术品主要用照相加网彩色铜版工艺(凸版印刷的一种)在这种纸张上印刷，铜版纸的名称就这样一直沿用下来。定量有100g/m²、120g/m²、150g/m²、180g/m²、200g/m²、250g/m²、平张包装规格为 787mm×1092mm、880mm×1230mm。铜版纸是由原纸经涂布涂料加工而成的，原纸是用 100% 的漂白化学木浆或掺用部分漂白草浆抄造而成，所用涂料主要由硫酸钡、高岭土、钛白粉等白色颜料和干酪素、明胶等胶黏剂组成，还要加入蜂蜡、甘油等辅料，用涂布机涂布在原纸上，经干燥和超级压光而成。铜版纸的涂布有单面和双面之分。铜版纸表面洁白，光滑平整，具有很高的光滑度和白度，适用于印刷彩色画册、精美图片、广告商标、彩色插图等高档印刷品。

（4）平印书刊纸

平印书刊纸，是在 20 世纪 80 年代以后为适应平印书刊的需要，在凸版印刷纸的基础上经技术改造后产生的印刷用纸的新品种。定量有 $52g/m^2$、$60g/m^2$ 和 $70g/m^2$，主要是卷筒纸，尺寸规格与凸版纸基本相同。平印书刊纸以 80% 左右的苇浆配以 20% 左右化学木浆，打浆后再加入石蜡、松香胶和填料在长网机上抄造而成的。为了提高纸的表面强度和抗水性，有的还要在纸机中段对纸进行表面施胶。因此，平印书刊纸的抗张强度、表面平滑度、尘埃度和抗水性等项物理性能都较凸版印刷纸略有提高。在凸版印刷纸退出后，原来生产凸版印刷纸的造纸厂都转产生产平印书刊纸。

（5）盲文印刷纸

盲文印刷纸是专供压印盲文点字书籍的纸，定量为 $100 \sim 125g/m^2$。出厂为卷筒纸，宽度为 635mm。盲文印刷纸是用未经漂白的硫酸盐木浆抄造而成，呈黄褐色，质地强韧，类似牛皮纸。

（6）新闻纸

供报纸印刷用，又称白报纸。定量多为 $51g/m^2$。国外新闻纸有向低定量发展的趋势，国产新闻纸也有 $49g/m^2$ 和 $45g/m^2$。按品质标准分为 A、B、C、D 四个等级，其中 A、B 级适用于高速平印轮转机印刷。新闻纸为卷筒纸，规格有 781mm、787mm、1575mm 和 1562mm。新闻纸以机械木浆为主要原料，掺少量化学木浆，大多以长网机生产。铅印新闻纸在抄造过程中一般不施胶，自 20 世纪 80 年代以后为适应平印印报的发展趋势，对新闻纸的生产工艺进行改造，适当添加一些松香一类的胶料，以改善纸的印刷适性，这就是平印新闻纸。由于南、北纸厂所用木材不同，纸的性能也各不相同。北方纸厂大都采用杨木、红、白松作木浆，纸质白而细腻，平滑度也好，但抗拉强度差一些；南方纸厂大多用马尾松作木浆，纸的白度差一些，质地粗糙，平滑度也差，但抗拉强度和表面强度要好一些。新闻纸会随存放时间长而发黄变脆，所以不宜用来印刷图书。

（7）地图纸

地图纸分特号、一号两种。特号定量有 $80g/m^2$、$100g/m^2$、$120g/m^2$，一号定量有 $80g/m^2$、$90g/m^2$、$100g/m^2$、$120g/m^2$、$150g/m^2$。地图纸全部为平张纸，规格有 787mm×1092mm、850mm×1168mm、920mm×1180mm 和 940mm×1180mm。地图纸以漂白化学木浆和漂白棉浆为原料，长纤维，重度施胶，长网机抄造，再经超级压光加工而成。它的加工与性能同平版纸相似，但表面性能、尺寸稳定性方面要求比平版纸更高。

（8）书皮纸

书皮纸分 A、B、C 三级，有米黄、天蓝、浅灰三种颜色，所以又称彩色书皮纸。定量为 $80g/m^2$、$100g/m^2$、$120g/m^2$。规格为平张纸 787mm×1092mm、880mm×1230mm。A 级书皮纸主要用漂白化学木浆配一定量的漂白化学草浆，B 级、C 级书皮纸则主要用漂白化学草浆，掺少量漂白化学木浆，浆中加适当填料，高施胶在长网机上抄造而成。书皮纸主要用于书刊的封面、插页，也用于精装书的环衬。高档的花纹书皮纸是在原纸表面涂布彩色涂料，上光后再在压花纹机上压制而成。

（9）白卡纸

白卡纸定量有 $200g/m^2$、$220g/m^2$、$250g/m^2$、$300g/m^2$、$400g/m^2$，平张包装，规格有 787mm×1092mm 和 880mm×1230mm，分 A、B、C 三级。白卡纸以漂白木浆为原料，重施胶并加入硫酸钡等白色填料，在长网机上抄造，经压光或压纹加工而成。白卡纸外观洁白、厚实，既有高级纸的印刷适性，又有厚纸板的坚挺，适宜印制名片、请柬、证书、贺卡及包装装潢印刷品。

（10）书写纸

书写纸是应用最为广泛的文化用纸品种之一。定量有 $45g/m^2$、$50g/m^2$、$60g/m^2$、$70g/m^2$、$80g/m^2$。分 A、B、C、D 四级，规格为平张纸，787mm×1092mm、880mm×1230mm。书写纸用的原料种类较多，木浆、草浆都用，但对白度要求较高，A 级不低于 85%，C 级不低于 75%。不同地区、厂家由于使用的浆类原料不同，生产出的纸的品质、性能差异较大。经长网或圆网抄造后还要进行压光处理，以提高纸的平滑度。考虑到书写纸的作用，抄造过程中施胶度很高，所以在用墨水书写时不会出现洇水现象。学生用的练习本、日记本、信笺、表格、稿纸、账簿等文化用品，大多用这种纸印刷而成。

（11）字典纸

字典纸属低定量的书籍印刷高级用纸。供凸版印刷机和平印机印刷小字号的字典、词书、工具书、袖珍图书之用。分 A、B、C 三个等级，定量为 $25g/m^2$、$30g/m^2$、$35g/m^2$、$40g/m^2$。字典纸有卷筒纸，宽度为 787mm 和 880mm；平张纸规格为 787mm×1092mm 和 880mm×1230mm。字典纸的原料是以漂白化学木浆为主，再配以漂白草浆，纸浆中还要加入适量填料和胶料，在长网机上抄造，干燥后还要经超级压光。所以这种纸不仅具有较高表面平滑度，白度较凸版纸和胶印书刊纸也要高。

（12）铸涂纸

铸涂纸是以不同定量的纸或卡纸为原纸，经铸涂加工而成的加工纸，分 A、B、C 三级。定量有 $80g/m^2$、$100g/m^2$、$120g/m^2$、$150g/m^2$、$180g/m^2$、$220g/m^2$、$250g/m^2$、$280 g/m^2$。一般为平张纸，规格有 787mm×1092mm、850mm×1168mm 和 880mm×1230mm。铸涂纸加工用原纸和涂料与铜版纸相似，但加工的方法不同。当原纸涂布涂料以后，在涂料尚未干固之时，让涂布面经过镜面一样的烘缸滚压，涂料在加热干燥的同时，便被滚压成镜面一样的铸涂面。铸涂纸具有极高的光泽度、白度和平滑度，印刷彩色图画，网点清晰，色彩鲜艳，主要用于印刷明信片、贺卡、高档包装盒、图书封面等。

（二）纸张规格的选择

纸张规格的选择一般是根据印刷品的性质、开本大小、页码多少、读者层次、使用条件等因素确定的，但并没有硬性的规定。如高档画册设计、权威著作、普通科技书、普通工具书、文学类图书和中小学课本等，一般多采用大规格纸；大学教材、大型工具书、普通科技书等，多采用较小规格的纸。过去考虑纸张幅面规格时，主要是从出版物的成本考虑，因为在当时书籍定价政策下，成书的利润并不高，能在纸张规格、用量上节省下来，是出版社主要考虑的因素。现在考虑纸面规格时，主要因素往往不再是成本，而是书籍美观、读者是否携带方便，与出版社其他同类书的规格是不是相符，印刷厂印刷和装订设备的幅面规格等因素。因此只要不是特种规格的纸张而使成本增加过大，各种规格都可以考虑。

关于对纸张规格的选择，涉及到书刊的用纸开法。纸张生产部门按国家标准规定生产的纸张称作全开纸，把一张全开纸裁切或折叠成面积相等的若干小张，叫多少开数，装订成册，即为多少开本。各种开本的规格，全国有统一的标准，所以全国各地印制出来的图书，同一规格都是同样大小的。

由于各种规格的纸张幅面大小不一样，虽然都裁折成同一开数，其大小规格却各不相同，订成书后，如统称为多少开本就不确切了。我国目前以 787mm×1092mm 的纸为标准印张，用它来印成 32 开的书，叫做 32 开本。若以 850mm×1168mm 的纸来印 32 开的书，因纸张幅面比标准印张大，通常冠有"大"这个字，称为大 32 开本。而这种规格在印刷厂中也称为大度纸，相对的，787mm×1092mm 规格的纸张称为正度纸。

开本的选择，一般是根据书籍的性质、页码多少、读者层次、使用条件等因素来决定的，没有一定的硬性规定。书籍、期刊的开本，大多数是以 2 的几何级数来裁切的，这样便于在装订时使用机器折叠成册。较为常见的开本是 16、32、64 开本，最为常用的是 32 开本。

在长度方向开始下刀的 2 的几何级数开法，也是普遍使用的基本开法即直开法。按照 2 的几何级数开切，也可以在宽度方向开始下刀，这就是所谓的横开法。

横开法使用很少，仅仅某些封面、插页和特殊印刷品用纸，采用此种开法。

为了出版中的特殊需要，有时采用非几何级数的畸形开本，如 12 开、18 开、20 开、24 开、28 开、36 开等。畸形开本不能用机器折页，开料也比较麻烦，装订时要用手工操作，容易发生差错，故一般书刊，特别是印数较多的书刊，一般极少采用。非几何级数的畸形开法，还有三开法、五开法、七开法等。

用同样的开数和开法印刷装订的书籍，开本的尺寸和面积却随着选用纸张的规格不同而异，因此在选用纸张时要十分注意纸张的规格。一般说来，比较权威的文献资料或社会名流的作品，往往采用 850mm×1168mm 的大规格纸，一般小说和其他普通书籍则大多采用 787mm×1092mm 的标准规格纸。另外还有一种国际上比较通用的规格 880mm×1230mm，我国已正式列入国家标准。

（三）纸张定量的选择

在选择纸张的规格时，除了要注意纸张的幅面尺寸，还要选择合适的定量。

纸张定量常以每平方米的重量（单位为克）来表示，因此也叫纸张克重。纸张定量能够基本说明纸张的厚薄，往往也能说明纸张的其他一些物理性能，特别是纸张定量高的也说明所使用的纸浆纤维要多一些，这也就变相地说明纸张的价格，因而纸张定量选择也往往是纸张选择中优先要考虑的因素。

纸张定量的选择一般根据印刷品的性质或某些特殊要求来确定。在满足印刷和使用要求的前提下，应尽量选择定量较小的纸张，这样可以降低印刷品的成本。但有时由于特殊要求也可反向选择，如由于页码过少，为增加图书的厚度，在纸张的选择上通常选定量较高且较厚的纸张。

（四）纸张质量等级的选择

在纸张的品种和规格选定后，还要十分慎重地选择纸张的质量等级。要熟悉各个造纸厂各种产品的特点和质量状况，并随时了解和掌握其变化情况。

纸张质量等级这项选择主要根据印刷品的性质和要求来决定。如对于高档图书和具有保留价值的照片书一定要选择高品质的纸张，对于农村读物和一般性休闲类图书多采用较低档次的纸张，以降低书籍的成本。

在所选用的纸张品种、规格、生产厂家和质量等级确定之后，还要注意在出版印刷过程中最好使用一个厂家在同一时期生产的产品来印制同一本书。否则，由于不同厂家在不同时期生产的同一品种的纸张色泽往往有较大差别，将会使印制的书籍发生"夹芯"（一本书从切口看有不同的颜色）的现象。

第二节 纸张的计量及换算

实训目标

1. 了解纸张的重量与令数的换算；

2. 熟悉印张的概念；

3. 掌握书刊印刷纸张用量的计算。

实训任务

在刊印量、正文印张数量、图书刊本、选用纸张的规格与定量、不同正文一起印刷的彩色插图面数以及封面规格的情况下，计算纸张的用量。

一、印张

印张是计算出版物篇幅的单位，也是印刷厂用来计价的单位。印张指的是全张纸幅面印刷一面，因此换算下来就是全张纸幅面的一半（即一个对开张）两面印刷后称为一个印张。而把对开张印两面称为一个印张的计价方式更常用。印张的计算在书刊出版中具有重要意义，它是计算印刷费用、装订费用、纸张用量及其费用的基本单位。

计算每种具体书刊的印张数，一般是通过印张与页面的折合关系来进行的。书刊中的一张纸称为"页"，一页的正反面共有两个页码，故一页有两面。在开本确定的前提下，一个印张的面数与开数相同。

例如，全开张纸两面印后，1个印张等于32开的32面，16页，或是16开的16面，8页。也可以说2个印张是32开的64面，32页。因为页在很多场合的表达上实际上是面的概念，如页码，因此在计算时最好就用"面"来表达，不容易造成误解。

书刊单册印张的计算公式：

单册印张数 = 单册面数 ÷ 开数

在实际工作中，计算图书印张数时所用到的"单册面数"是指书芯的全部面数，即除了正文之外，还应包括与正文一起印刷的前言、目录、索引、附录、后记等辅文所占的面数，如果书名页也使用与正文相同的纸张并随正文一起印刷，则也应计入"单册面数"中。总之，凡是用纸与正文相同、可与正文部分合在一起印刷的图书部件，其所占的面数都要计入"单册面数"作为计算印张数的基数。

若印张计算中出现小数，在印数比较少（例如只印数千册）时，一般要根据"使不足一个印张的零页呈双数（占4个页码）状态"的原则而向上进位，以便于印刷、装订。如16开的可进到0.25印张（即4面）、0.50印张（即8面）或0.75印张（12面），32开的可进到0.125印张（即4面）、0.25印张（即8面）、0.375印张（即12面）、0.5印张（即16面）、0.625印张（即20面）等。但是在印数大到纸张费用已经占书刊成本的50%左右时，就不宜采用这种方法，因为这时有望节省的印订费用已经不足弥补纸张费用的增加。

二、纸令

纸令是纸张的计算单位。在我国，印刷用纸以500张全张纸为一令，一张全张纸可折合成两个印张，所以1令就合1000个印张。

令是平张纸的纸张计数方式，在卷筒纸的情况，是以卷来进行计数的。

对于令（ream）这个概念，一开始就是舶来品。在我国对外印刷加工的情况越来越多，需要把这个令的概念多说一些。

1 ream = 20 quires，quire 也译成"刀"。对于不同的纸张，这里的"刀"可以是24张也可以是25张，在用于机制纸时一般为25张，在用于手工纸或特种纸时，多使用1刀 = 24张的计数方式。根据纸张的类型，1刀还可以是15张、18张和20张，但应用的情况就少了，这里也不多说。换算下来，1令可能是480张、500张、516张（其他还有造纸厂的令为472张，文具商的令为504张，这里不一一说明了）。具体地说：

例如对于书写纸，

1 ream = 20 quires = 500 sheets

在英美国家有称为"短令"（short ream）的计量单位，

1 short ream = 20 short quires = 480 sheets（1 short quire = 24 sheets）

对于海报和印刷时使用的令，

1 printer ream = 21.5 short quires = 516 sheets

国际标准组织在 ISO 4046-3:2002 "纸张、纸板、纸浆及其相关术语——词汇"中规定 1 令为 500 张相同的纸张。在英美国家，这个令相对于短令也称为长令（long ream）。这个 500 张的令也就逐渐成为英美国家现在的计数方式。但是在零售业仍有 480 张和 516 张的令存在。

有时令是与纸张幅面有关的，例如在欧洲执行的 DIN 6730:2011-02 "纸张、纸板：术语"中定义 1 令 A4 幅面的 $80g/m^2$ 的纸张为 500 张。

三、加放数

为了弥补印刷过程中由于碎纸、套印不准、墨色深淡及污损等原因所造成的纸张损耗，除了要按书刊的印张数和印制册数计算出所需纸张的理论数量外，还必须考虑用以补偿纸张损耗的余量。这项余量就称为"加放数""伸放数"，因一般以理论用纸量的百分率表示，所以也称为"加放率"。

计算实际用纸量时，可将理论用纸量乘以"1 + 加放数"的系数。如加放数为 3%，则该系数就是（1 + 3%）= 1.03。

例如，50 令纸在加放率为 3.5% 的实际用纸量为：

50 令 + 50 令 × 3.5% = 50 令 ×（1+3.5%）= 50 令 × 1.035 = 51.75 令。

四、纸张的重量及计算

纸张的重量可用定量和令重来表示。定量俗称"克重"，即每平方米纸张的重量，以克表示。克重并不是连续式增加的，常用的纸张定量

有 $52g/m^2$、$60g/m^2$、$70g/m^2$、$80g/m^2$、$100g/m^2$、$105g/m^2$、$120g/m^2$、$128g/m^2$、$150g/m^2$、$157g/m^2$。

定量不超过 $250\ g/m^2$ 的一般称为"纸",超过的则称为"纸板"。低定量的纸板也常称为卡纸。

令重表示 1 令纸（500 张全张纸）的总重量,可通过纸张的面积和定量来计算：

令重（kg/m^2）= 单张纸的面积（m^2）× 500 × 定量（g/m^2）÷ 1000

例如,$787mm × 1092mm$ 规格的 $60\ g/m^2$ 胶印书刊纸的令重为：

令重 = $0.787 × 1.092 × 500 × 60 ÷ 1000 = 25.782$（kg）。

五、用纸量计算

用纸总量实际上是书芯用纸总量。计算时可先计算单册印张数,再计算既定册数书刊的用纸总量,然后乘以加放系数。即：

正文用纸令数 = 单册印张数 × 印数 ÷ 1000 = 单册印张数 × 千册印数

式中之所以要除以 1000,是因为经正反两面印刷的 1 令纸合 1000 印张。

在公式中,印张 = 页码 / 开数

定量、令重的换算见表 3–1。

表 3-1 定量、令重的换算

规格 (mm)	定量 (g/m²)	令重 (kg)	习惯令重 (kg)	每吨折合令数
787×1092	16	6.875	6.9	145.455
	17	7.305	7.3	136.893
	18	7.735	7.7	129.282
	20	8.594	8.6	116.360
	22	9.453	9.5	105.787
	24	10.313	10.3	96.965
	25	10.743	10.7	93.084
	26	11.173	11.2	89.509
	28	12.032	12.0	83.112
	30	12.891	12.9	77.574
	32	13.751	13.8	72.722
	35	15.040	15.0	66.489
	36	15.468	15.5	64.640
	40	17.188	17.2	58.180
	45	19.337	19.3	51.714
	50	21.485	21.5	46.544
	51	21.915	21.9	45.631
	52	22.345	22.4	44.573
	55	23.634	23.6	42.312
	60	25.782	25.8	38.787
	65	27.931	27.9	35.803
	70	30.079	30.1	33.246
	75	32.228	32.2	31.029
	80	34.376	34.4	29.090
	90	38.673	38.7	25.858
	100	42.970	43.0	23.272
	105	45.15	45.1	22.172
	110	47.3	47.3	21.141
	120	51.564	51.6	19.393

（续表）

	128	55.40	55.0	18.1818
	140	60.158	60.2	16.623
	150	64.455	64.5	15.515
	157	67.51	67.5	14.814
	180	77.346	77.4	12.929
	200	85.940	85.9	11.636
	210	90.237	90.2	11.082
	220	94.534	94.5	10.578
787×1092	230	98.832	98.8	10.118
	233	100.21	100.0	9.988
	235	100.98	101.0	9.903
	250	107.426	107.4	9.309
	256	110.08	110.1	9.082
	261	112.23	112.2	8.912
	280	120.317	120.3	8.311
	290	124.614	124.6	8.025
	300	128.911	128.9	7.757
	400	171.881	171.9	5.818
	32	15.88	15.8	63
	40	19.86	19.9	50.3
	52	25.8	25.8	38.8
	60	29.78	29.8	35.58
850×1168	80	39.7	39.7	25.20
	90	44.67	44.7	22.40
	100	49.64	44.7	22.40
	120	59.5	59.5	16.80
	52	28.14	28.1	35.50
880×1230	80	43.2	43.2	23.14
	90	48.6	48.6	20.58

（续表）

	40	21.229	21.2	47.105
	50	26.537	26.5	37.683
	55	29.190	29.2	34.258
	60	31.844	31.8	31.403
889×1194	70	37.151	37.2	26.917
	80	42.459	42.5	23.552
	85	45.102	45.1	22.172
	90	47.763	47.8	20.937
	100	53.073	53.1	18.842
	120	63.688	63.7	15.702
	25	8.874	8.9	112.689
	30	10.649	10.7	93.906
635×1118	32	11.359	11.4	80.036
	35	12.424	12.4	80.489
	40	14.2	14.2	70.422
	17	4.105	4.1	243.605
	27	6.520	6.5	153.374
	28	6.762	6.8	147.855
559×864	52	17.342	17.4	57.471
	70	23.345	23.4	42.735
	80	26.68	26.7	37.453
	100	38.35	38.4	26.041
	52	19.734	19.74	50.658
695×1092	70	26.565	26.6	37.593
	80	30.36	30.4	32.894
	100	37.95	37.9	26.385
	52	19.75	19.8	50.500
730×1035	70	26.25	26.3	38.02
	80	30.00	30.0	33.334
	100	37.50	37.5	26.667

例如，制作一本 32 开本的书，正文页码是 308 页，目录、序言和内容提要等用与正文相同的纸共 10 页，则该本书印张数为：

（308+10×2）÷32 = 10.25（印张）；

当印数为 30000 册，如果该书正文选用 787mm×1092mm 胶印书刊纸，则需要的令数为：

10.25×30000/1000 = 307.5（令）；

如需加放率为 2%，则出版社应向印刷厂提供的纸张数量为：

307.5×（1 + 2%）= 313.65（令）。

第三节 图书刊印用料计算

实训目标

1. 了解精装图书装订部件的组成；

2. 熟悉精装图书装订料的计算方法；

3. 掌握图书用料及加放率的计算。

实训任务

在给定一本平装书、一本精装书基本参数的境况下，计算纸张及装帧材料的实际用量。

一、出版用纸的计算

每印一本书需要用多少令纸张，可以从正文页数（1页=2面）、印数、开数来计算。但在实际工作中，是先将一本书的页数折合成为印张，再进行用纸的计算。在印刷生产中，一个印张为一全张纸一面印刷，一令纸500张，如果两面印即为1000印张，也称"千印张"。书籍的印张是正文用纸（不包括封皮、插页、环衬等与正文用纸不一样的书页）页数乘以2（折合成面数）再除以开数得来的。例如，一本32开本的书，其总页数是80页，即160面，则以160面÷32开=5印张（即2.5张全张纸）。我们在计算用纸量时，只要将书的印张数乘以印数（千册）就可以了。如一本32开的书，共160页（即320面），印10000册，正文用纸为：

印张 = 320（面）÷ 32（开）= 10（印张）

用纸令数 = 10（印张）× 10（千册）= 100（令）

印张一般可分为装版印张和纸令印张。上述以每书的页数折算而成的印张，在印刷时即为实际的装版数，故我们称为"装版印张"。由印数与印张（装版印张）相乘得出的纸令数，称为总印张。国家统计报表中，不以纸令为单位，而以"千印张"为单位。为了对这两种印张进行区别，后者称为"纸令印张"，即总印张，应与"装版印张"相区别。

二、平装封皮用料的计算

计算封皮用纸，跟正文用纸不同。要根据书刊的开本大小和页码多少来确定，页码不多的书刊，在一般的情况下，其封皮用纸量比书刊开本增大一倍即可。如 16 开书刊的封皮、书脊厚度在 7mm 以下，即可用 8 开。页数较多的书刊，因其书脊占有一定厚度，有些书还有勒口，封皮的宽度就要相应地大一些，这就必然影响封皮的用纸量。例如 787mm×1092mm 的 32 开本封皮，书脊厚度超过 10mm，那么它在同一规格的全张纸封皮纸上只能开出 14 个，甚至更少。计算封皮的用纸量可用下列公式：

封皮用纸令数 = 印数 ÷ 封皮的开数 ÷ 500

对书籍封皮用料的计算，应根据开本、厚薄等具体情况进行计算。

三、精装用料的计算

精装图书常见的书芯分圆背有脊（真脊）、圆背无脊（假脊）和方背（平脊）等几种形式。这里要说明的一个概念是"脊"，这个脊不是指书脊，而是指在精装书籍上，快闪与封面（封底）相连接处的一条上下方向的凸棱。这个凸棱是装订时通过压书槽而凸出来的。当书脊为圆背时，有脊与无书面圆弧长度是不一样的。确定精装用材规格时，应根据书芯开本大小和书芯厚薄程度，并参照书芯的加工形式来确定。

（一）封皮用料的计算

精装书壳是由前后封面纸板、中径纸以及包在它们外面的织物或纸张三部分组成。其规格计算如下：

①纸板大小的计算。一个书壳由前封、底衬和中径三块纸板组成。前封

及底封的大小必须根据书刊的开本大小来决定，而纸板的厚度则应根据书芯的厚度和开本大小两个因素来选取。书刊越厚，开本越大，所用的纸板也要相应的厚些。

书壳纸板的长度 a，它的大小是书芯的长度 h 加放天头与地脚两边的飘口宽 c，即：

a = h + 2c

书壳纸板的宽度 b 对应于书芯的切口与订口之间的距离 S，它的大小与书芯的宽度相差 c。这是因为切口边的飘口 c = 2~3mm。而订口边还得留有书槽位置 E = 2c = 6~7mm。即：

b = S + c − E 或 b = S − c

如果书芯较薄，则书槽距离就可以小一些，可看成 E = c，这时的板宽为 b = S。

求出书壳纸板的长和宽（a×b），就能算出纸板的开数和该批印件的使用量。即：

需用原张纸板的数量（张）= 2 × 印数 ÷ 纸板开数

②中径纸板规格的计算。中径纸板也称中径衬垫，其长度与封面纸板的长度 a 相等，其宽度应根据书芯的厚度及其加工的形式而定：

a. 圆脊无脊的中径纸宽 D1 为书背的圆弧长，其计算公式为：

D1 = 书背的圆弧长度所对的角的度数约 130° × π ÷ 180° × 书芯厚度 ÷ 2 ≈ 1.15 × 书芯厚度

b. 圆脊有脊的中径纸宽 D2 为有脊书背的弧长，其计算公式为：

D2 = 130° × π ÷ 180° ×（书芯 + 书壳厚度）÷ 2 ≈ 1.15 ×（书芯 + 书壳厚度）

c. 方脊平脊的中径宽度 D3 为书芯厚度与两倍封面纸板厚之和。

③整料书壳面料规格的计算。根据精装书壳的结构，整料书壳的面料规格应由纸板、包边以及中径三部分组成。

a. 面料宽度的计算。面料的宽度为纸板加包边宽的两倍加中径宽度之和。

可用下列的公式表示为：

B（mm）= 2（b + F）+ G

其中 b 是纸板宽，近似于书芯宽度；F 为包边宽度，一般取纸板厚再加 10mm，即 F = 11.5~12mm；G 是中径纸宽 D 与两倍的书槽宽度 E 之和，书槽宽又包括纸板宽度、书脊高度和书槽凹槽宽度，一般常取 E = 6~7mm。

b. 面料长度的计算。面料长度包括纸板长度和天头地脚的包边，即：

A（mm）= a + 2F = a +（23~24）

④拼料书壳面料规格的计算。

a. 书腰面料规格的计算。书腰面料的长度规格面料长度包括纸板长度规格与整料书壳面料的长度相同，均为纸板长加天头地脚的包边宽，即：

A（mm）= a + 2F = a +（23~24）

书腰的宽 M 包括中径宽度 G 加两倍的腰部连接距离 P（3~4mm），书腰与纸面叠口 K，一般为 5mm 左右，故腰部连接距离与叠口之和 K + P = 8~9mm 为宜。书腰宽度计算公式如下：

M（mm）= G + 2（K + P）= G +（16~18）

b. 纸面规格的计算。纸面包括封面、封面与书腰的叠口和包边三部分。

纸面长度与书腰长度相同。纸面宽度应包括纸板宽度 b，减去腰部连接距离 P，再加上包边宽 F。

但是由于纸面一般为实地满版印较多见，印刷时需要有叼口吸拖稍。叼口一般可借用包边 F；拖稍一般在与书腰 K 接口处，在做壳时要切光，所以要加放切口 n（3~5mm），即：

纸面宽度（mm）= b + F + n − P = b +（11.5~12）+（3~5）−（3~4）= b +（11.5~13）

（二）护封规格的计算

护封是包裹在书籍封面外层的一张页，也称为外封或包封。护封前后有勒口，把封面包住。护封一般有两种形式：全护封和半护封（腰封）。全护封的长度（上、下方向）与书壳纸板的长度相等，即：

护封宽度（mm）= 2b + G + 2（3.5~5.0）= 2b + G +（7.0~10.0）

（三）环衬的规格计算

环衬是在封面与书芯之间粘贴的一张双连页纸。它的规格计算简单。环衬的长度就是书芯的长，宽度就是书芯宽度的两倍。

（四）丝带规格的计算

丝带的一端粘贴在书芯的天头书背上，另一端通过书芯露出地脚，可根据需要夹在书的任何页码中，起到书签的作用。其长度常以对角线量取，其中粘入书背的长度为 15mm 左右，露出地脚约 20mm。

（五）堵头布规格的计算

堵头布的长度约等于书脊厚度，每本书有两个堵头布，即一本书的堵头布长度等于书脊厚度乘以 2。

（六）书背纸规格的计算

书背纸的长度应比书芯天头地脚之间的距离短 2mm 左右，或与书芯相同，不可长于书芯。宽度与书脊的圆弧长 D 相等。

（七）纱布规格的计算

书脊用纱布的规格应根据书背的高度（即天头地脚之间的距离）和厚度（即书背圆弧长）来确定。长度应比书芯短 20~25mm 左右，通常取 25mm；宽度是书背圆弧长或书芯厚度再加 25~45mm 左右。

四、印制材料的加放计算

在计划经济年代，出版社和印刷厂之间的合作关系基本是固定的，纸张或材料一般均由印刷厂采购、使用和管理；纸张或材料的加放由印刷厂按与出版社的约定惯例执行即可。进入市场经济时期以后，出版社和印刷厂之间的合作关系不再固定，而且双方均要考虑自己的经济利益，纸张或材料一般也改由出版社采购、使用和管理，加之一些新兴印刷厂的加入，冲击了原来相对固定的加放惯例，使得出版印刷双方在加放问题上的博弈和纠纷日渐突出。

为规范出版印刷市场的秩序，当时的新闻出版署有关部门出面，组织在北京地区的若干大型出版社和书刊印刷厂，协商产生了《北京地区书刊印刷厂纸张加放率调整办法》，并向北京地区各出版社、印刷厂发出通知〔（89）新出技印字第 109 号〕，要求参照执行。

这个办法的出台平息了加放方面的一般纠纷，在较长的时段内，从一个方面维护了出版印刷市场的秩序。而且它是唯一由政府主导的关于加放方面的权威文件，对其后处理加放问题提供了原始的政策依据。

随着印刷技术和我国印刷业的快速发展，这个办法的历史局限性也在实践中逐渐显露出来，需要进行新的调整和规范。如，铅印工艺已被淘汰，相应的加放规定已无存在的必要；胶印印书逐渐普及，办法规定的胶印加放率只有一个数值，不能满足长短版印数的不同需要；印后表面整饰种类不断出新，需要制定新的规范；按大印刷的观念衡量，包装印刷的加放基本没有涉及。随着印刷技术、设备、工艺的不断进步，加放应当逐渐有限度地有所降低等。但是，在市场经济的模式下，再由有关部门出面，进行办法的修订显然已不可能。不过，委托印刷方和印刷企业双方已经在实践中不断地对加放问题进行着新的协商和规范。在部分地区新出台的印刷指导性工价中，一般附有关于加放的行业通例。

在现阶段的加放数的确定应该注意到以下几点：

①印刷各种加工的加放数值，应当有一个为客户所认可的通例，以满足印刷供需双方的需要和规范双方在加放方面的行为。加放数最好能由行业协调沟通，协商上下游企业制定或调整加放标准，例如由出版（广义含报纸、

杂志、包装、广告、商业等所有委托印刷）方面的行业组织和印刷行业组织共同完成此事；加放标准的文件，由双方共同落款。

②加放具体数值高低所依从的原则应当是：够用，最少。在进行制定加放的实际操作时，数据采集和综合平衡测算的结果数值，应当最接近本地域印刷行业加放的中等平均水平；并规定有一定长度的磨合、修正期限，以更实事求是地反映生产和管理的实际状况，既有利于生产的发展和绿色的要求，又公平地保护供需双方各自的利益。

为跟上印刷发展的步伐，加放标准应视具体情况，随时做出个别或较大范围的调整。

对印刷设备供应商提供的加放数据，要有客观的实事求是的评估和正确的把握。一般来说，设备供应商提供的加放数据都是最低的，但不是所有印刷企业都能够达到的（平均水平数值）；因此，不能直接拿来作为加放的标准，而只能作为参考数据和印刷企业努力的目标。这一点，尤其需要得到委托印刷方广大客户的理解。

③加放操作的模式应简单化。长期以来，在出版物印刷领域加放均以实物计量，而且双方信息完全对称。当前，已有出版单位将纸张材料的采购管理等工作，转由印刷企业承担。随着出版单位转企改制的完成和深化，这一做法必将进一步扩大，政府部门也已从税收政策方面引导这一做法，这就为加放操作模式的改变提供了可能。

初期，可将纸张材料的加放量和管理的正常损耗，合并协商/计算为一个总数量，与委托印刷方进行结算；中期，可进而将此数量换算为货币数值，加在收费总价内结算；最后，可采取包装印刷按单个产品计价，而不再将纸张材料及其加放明示的最简单模式。

另外，装订用料的加放，各地区、工厂也有相应的规定。出版印制人员在发料前也应该先向有关部门了解。

（一）加放量的计算

加放是指需要由定制方承担的印刷装订过程中产生的承印物的必要损耗。北京地区印刷工计价表中使用的文字为"加放"二字，而在上海的印刷工价表中使用的是"申数"二字。由于加放量的计算涉及很多方面，如印刷的难易程度、机型、机器精度、地区等都存在着差异，在计算时要灵活掌握。

①通常每块版印数不足3000的按30~50张加放（这30~50张的开数按上机开数计）。

②每块版印数超过3000的按规定百分比加放（通常按7‰~10‰加放）。

例如，印刷2500张单面、单色、4开的，应加放30~50张4开纸。印刷4000张单面、单色、4开的，应加放4000×(7‰~10‰)张4开纸，即28~40张4开纸。

在印刷工价表上的加放数，对于单张纸印刷机来说，印刷加放是按每块版计一次加放计算的。如双面各印1色，并不是1块版的情况，而是2块版组合印刷，加放率应该乘以2。单面印2次同一个颜色，也同样不能按1块版来计算，而是应该算2块版，加放率×2。同理，双面各印4色，则按8块版计算，加放率×8。依此类推。

对于卷筒纸印刷机，装订加放率由印刷厂从总加放率中分割，具体数值可按工价单中装订加放率×0.6。

如果纸张是由印刷企业采购的话，则上述问题可不讨论。出版社只提供样张、定价（含加放量、购置、仓储费等）即可；其余均为印刷企业内部运作规范。当然，印刷企业内部领导层与下面机台一般也按这个数字向机台发纸，用这个加放数考核印刷机操作人员的业绩。

③实际用纸量的计算。应掌握印刷品的成品尺寸和开本的对应关系。在日常生活中，常见的印刷品有书刊、杂志、包装盒、单页等。包装盒用纸量的计算可参照单页印刷品用纸算，计算时把包装盒展开后即可量出成品尺寸的长和宽。

（二）单张纸的实际用纸量

1. 书刊印刷品实际用纸量计算

书刊的用纸量＝印张 × 印数 /1000，计算单位为令。

例：某出版社要印一本字典（黑色），内文用 $52g/m^2$ 的凸版纸，开本为大 64 开，1184 面。共计 10 万册，求需 $52g/m^2$ 凸版纸多少令？（加放量按 10‰计）

分析思路：

印张＝面数／开数＝1184/64＝18.5（印张）

实际用纸量＝18.5×100000÷1000＝1850（令）

因为印数为 10 万册，所以每块版的印数为 10 万转，即：

每块版的加放量＝100000×10‰＝1000（张半开）＝1（令）

又因为每印张有两块版，所以：

总加放量＝18.5×2×1＝37（令）

总用纸量＝1850＋37＝1887（令）

2. 书刊封皮用纸量的计算

封面用纸量和正文用纸量的计算不同。平装书封面必须与封底、书脊连在一起，书脊有宽有窄，有些平装书还有勒口，这就必然影响封面的用纸量。

（1）封面用纸量两种不同的计算公式

公式 1：印张 × 印数 ÷1000 印张＝令数

公式 2：印数 ÷ 开数 ÷500 张＝令数

（2）平装封面尺寸的计算

长度＝2× 书宽＋书厚＋2× 勒口宽

宽度＝书高

书厚＝内文页码数 ÷2× 纸张厚度

（三）卷筒纸的计算

卷筒纸的计算数值有宽度、长度、总重量、定量、可切平板纸令数等项。各项之间关系如下：

平板纸令数＝卷筒纸总重量÷（平板纸面积 × 定量）

卷筒纸长度＝卷筒纸总重量÷（卷筒纸宽度 × 定量）

定量＝卷筒纸总重量÷（卷筒纸宽度 × 长度）

卷筒纸总重量＝卷筒纸宽度 × 长度 × 定量

【图书出版材料用量计算案例】

案例一

出版社出版一部《西方经济学》的图书，正度16开，刊印1万册。正文部分20个印张，用787mm×1092mm胶版纸，定量为70g/m²，单色印刷，此种胶版纸的价格为每吨6000元，纸张的加放率每块印版为0.5%；彩色插图有16面，用787mm×1092mm的铜版纸，定量为120g/m²，四色印刷，铜版纸的价格为每吨8000元，纸张的加放率每块印版为0.5%；正文和彩色插图及封面均用对开印刷机印刷；装订的纸张加放率每块印版为1.5%；此书为平装，封面用200g/m²的787mm×1092mm铜版纸，单面四色印刷，每吨纸张价格为1万元，每张对开纸出3个封面，纸张的加放率为每块印版加放50张。

要求：

1. 计算正文用纸量及费用

2. 计算彩色插图用纸量及费用

3. 计算封面用纸量及费用

计算：

1. 正文用纸量＝印张数×刊印册数÷1000×（1＋印刷加放率×2＋装订加放率）

＝20×10000÷1000×（1＋0.5%×2＋1.5%）＝205（令）

正文纸张费用

＝6000÷〔（1000×1000÷（0.787×1.092×70））〕×500×205≈36637.44（元）

2. 彩色插页用纸量＝彩色插页面数÷开本×刊印册数÷1000×（1＋印刷加放率×8＋装订加放率）

＝16÷16×10000÷1000×（1＋0.5%×8＋1.5%）＝10.55（令）

彩色插页纸张费用

＝8000÷〔（1000×1000÷（0.787×1.092×120））

×500×10.45≈4310.77(元)

3.封面用纸量＝刊印册数÷每张纸出封面数÷500×（1＋装订加放率）＋每块印版加放张数×印版数÷500

＝10000÷6÷500×（1＋1.5%）＋50×4÷500＝3.42（令）

封面纸张费用

＝10000÷〔（1000×1000÷（0.787×1.092×200））×500×3.42≈2933.53(元)

总的纸张费用＝正文＋彩色插页＋封面＝36637.44＋4310.77＋2933.53＝41881.74（元）

案例二

假设一本书的开本尺寸为169mm×239mm（B5），32开，480面，印数为1万册（其中3000册为精装），用$70g/m^2$胶版纸印刷，封面用$200g/m^2$铜版纸印刷，平装封面和精装均采用四色印刷，平装封面用70mm勒口，精装护封带80mm勒口。用$120g/m^2$胶版纸做前单环衬，精装用$120g/m^2$双胶前后双环衬，板纸用2.5mm厚，精装为圆背，硬壳面用$157g/m^2$铜版纸，计算该书的纸张用量为多少。（注：加放率根据图书印数的不同而变化，印数不足5000，每块印版加放50张；印数在0.5万至1万册之间的，印刷（每色）加放率为0.9%，装订加放率为1.4%)

计算过程

印张数＝面数÷开本＝480÷32＝15（印张）

1.正文用纸

（1）正文用纸量：10000（册）×15（印张）÷1000（折合纸令）＝150（令）

（2）正文印刷加放数：用纸量×印刷加放率＝150（令）×0.9%×2（正背）＝2.7（令）

（3）正文装订加放数：用质量×装订加放率＝150(令)×1.4%＝2.1(令)

（4）正文合计用纸：150＋2.7＋2.1＝154.8（令）

2. 平装封面用纸

（1）封面设计尺寸宽：〔成书宽＋勒口宽＋裁切尺寸〕×2＋书背厚 ＝〔169＋70＋3〕×2＋23＝507（mm）

（2）封面设计尺寸高：成书高＋上下裁切尺寸＝239＋3＋3＝245(mm)

封面设计尺寸：507mm×245mm,787mm×1092mm 的正度纸出 6 开

（3）封面正数：册数÷开数÷500＝7000÷6÷500＝2.333（令）

（4）加放量：印刷加放＋装订加放＝50×4÷1000＋2.333×0.014＝0.233（令）

该书的平装封面纸张用量：333＋0.233＝2.566（令）

3. 精装书护封用纸

（1）护封设计尺寸宽：（书芯宽＋书壳飘口＋书壳折勒口处纸板厚＋勒口宽＋裁切尺寸）×2＋平装书背厚＋两张书壳板纸和圆背尺寸＝（169＋3＋3＋80＋3）×2＋23＋8＝＝547（mm）

（2）护封设计尺寸高：书芯高＋上下裁切尺寸＋上下飘口＝239＋6＋6＝251（mm）

护封设计尺寸：547mm×251mm，889mm×1194mm 的大度纸出 6 开

（3）护封正数：3000（册）/6（开）/500＝1（令）

（4）加放：印刷加放数×4 色÷1000＋装订加放＝50×4÷1000＋1×0.014＝0.214（令）

该书的精装护封用纸量为 1＋0.214＝1.214（令）

4. 精装壳面用纸

（1）壳面纸尺寸宽：（书芯宽＋书壳飘口＋书壳折勒口处板纸厚＋包边尺寸＋书槽压沟）×2＋平装书背厚＋两张书壳板纸厚＝(169＋3＋3＋15＋3)×2＋23＋5＝414mm

（2）壳面纸尺寸高：书芯高＋上下飘口＋上下纸板厚＋上下包边尺寸＝239＋6＋5＋15×2＝280mm

壳面整体尺寸：414mm×280mm，889mm×1194mm 的大度纸出 8 开

（3）精装壳面数：3000（册）/8（开）/500=0.75（令）

（4）装订加放 =0.75×1.4%=0.0105（令）

精装壳面用纸 =0.75+0.0105=0.7605（令）

5. 环衬用纸

精装书前后双环衬

（1）正度（787mm×1092mm）胶版纸出8开，由于是前后双环衬，每张可装4本书

（2）正数及加放数合计：册数÷开数×（1＋装订加放率）÷500＝3000÷4×（1+1.4%）÷500=1.524（令）

平装书前单环衬

（1）正度（787mm×1092mm）胶版纸出18开

（2）正数及加放数合计：册数÷开数×（1＋装订加放率）÷500＝7000÷18×（1+1.4%）÷500＝0.79（令）

环衬用纸总量 =1.524＋0.79＝2.314（令）

6. 硬壳纸板

（1）板纸高：书芯＋上下飘口＝239＋6＝245（mm）

（2）板纸宽：书芯宽－沟槽宽＋飘口宽＝169－6＋3＝166（mm）

选用纸板的开法以18开为宜，每张纸板可装订9本。

第四章 图书印制成本预算

本章重点

当责任编辑确定一本书后，就会和技术编辑一起做成本预算。预算对最后定价起到至关重要的作用，书的价格是否能在市场上有一定的优势，很大程度上受此影响。

这个预算首先要根据市场的需求来定下印刷数量的范围，印数的不同会直接影响印制成本的价格，所以技术编辑要明确要求，甚至有时要根据不同的印数和纸张分别做预算。其次要根据责任编辑提供的相关内容一道商讨书籍正文、封面选用什么类型的纸张，书籍的开本定多大，书籍会有几个印张，是否需要加艺术纸，封面是否要有勒口，封面是否需要一些特殊的效果，以及这本书是否有特殊的印刷工艺，究竟是精装还是平装等等，一系列工艺问题都要在此时初步定下，才能为准确预算打下基础。

趣味导读

如何提高印刷用纸利用率以降低印刷成本？

1. 通过提前规划，合并活件，你可以在同一个纸张上印刷多个活件；使用标准尺寸的纸张；缩小裁切尺寸——即便只缩小 1/4 英寸，都有可能对某些活件的总成本产生重大影响。

2. 使用印刷厂里原本就有的纸张。印刷厂通常会在自己的工厂里储存集中几种常用的纸张，而选择他们已有的纸张就会为你节约大量的时间和成本。

3. 减轻纸张的定量，纸张定量越高就意味着价格越高。换一种质量稍低的纸张，如果你用 1 号纸来代替顶级纸，那么大概能节约 12% 的成本；如果用 2 号纸来代替顶级纸，那就能节约 24% 的成本。

4. 选择数字印刷。数字印刷能准确地印刷出你想要的数量——哪怕只有一份。当今的大多数印刷厂都拥有数字印刷设备或者与另外一家能进行数字印刷的企业有合作关系。

5. 把所有能在网上传递的信息转移到网络上，尽可能减少需要打印的文件页数，减少纸张的使用。

6.避免出血。如果你想保留出血，印刷厂都要先把油墨印到整个页面上，然后再把印好的边缘部分裁切掉，这样一来就会花掉更多的成本。

7.了解价格的拐点，你买的纸张越多，得到的价格就应该越便宜。

8.要知道打开的折叠纸箱也会浪费你的成本。如果你需要使用一种特殊的纸张，即便印刷数量非常少，那印刷厂也得为你的活件打开一整箱纸，如此一来你就要支付额外的费用。

发散思维

1.除了以上所提及的方法，你有什么好方法可以降低印刷成本？

2.你是否认为印刷成本越低越好？

3.你认为书刊的印制质量重要，还是控制印制成本重要？

第一节 印刷报价和印刷计价

实训内容

1. 了解印刷报价与印刷计价的异同；

2. 熟悉印刷品的价格构成；

3. 掌握书刊印制总价款的计算公式。

实训任务

分别到出版社的出版部、书刊印刷厂了解印刷报价和印刷计价，利用书刊印制总价款的计算公式，计算书刊印制总价款。

一、印刷报价和印刷计价的异同

印刷报价和印刷计价是在不同的阶段对印刷加工费用进行计算的方式。印刷报价是在客户委托加工印刷品前，按客户对产品提出的要求，为客户提供的印刷品的加工费用和原辅材料的费用。而印刷计价是客户委托加工的印刷产品加工完后，承印单位按双方已签订的明细计价标准向客户提供的结算清单。

印刷计价与印刷报价的异同点如下：

（一）相同点

①原理相同。

②基本项目相同。

③都是严谨、细致的工作过程。

（二）不同点

①印刷报价是在与客户签订印刷品加工合同前进行的，印刷计价是在印刷品加工后进行的，印刷报价要求速度快，要及时。

②印刷计价时各工艺环节已完成，所以所计价格是精确值，印刷报价时各工艺环节有不确定的因素，有可能在加工进行中还会发生变化，所以印刷报价是个估值，但要尽量靠近印刷计价值。

③印刷计价是准确的计算，各计价项目必须齐全，印刷报价由于强调报价速度，所以有些费用不高的小项目可以省略。

④印刷报价要比印刷计价的值偏高些，一般报出的价格是在合理的基础上再多加3%左右。

⑤对印刷报价来说双方是可协商的（讨价还价）、可变的，印刷计价则是合同签订后的价格，需要遵照执行。

二、印刷品价格的构成

为提高经营质量，实现经济效益的最大化，印刷品加工的价格要尽可能地保证印刷企业有足够的利润，而又要保证出版社能够尽可能地降低印制成本。印刷品印制价格就是印刷企业与出版社双方利益最大化的平衡点。

每一件印刷品从原稿到成品，都要经过印前、印中和印后加工三个过程，每个过程又含有各自不同的工艺环节。近几年，随着印前数字化技术的高速发展，印刷业的分工更加专业化，印前制作也变得更加便利和个性化，这使印前制作普遍从印刷厂分离出来，由客户自己独立完成或委托印前公司完成。此外，由于对印刷产品要求的高效化和多样化，导致了印刷、印后加工出现了多厂协作完成的局面，这种多工艺、多厂家的生产特点决定了印刷品计价和报价的原则。

印刷品计价和报价的原则就是以工艺流程为主线，分段计价，各工艺环节都有相应的计价标准。将印刷品所涉及到的各工艺环节按其计价标准逐条计算加合，再加上该印刷品在加工中所使用的纸张及各种材料的费用，就获得了该印刷品所需的最终费用。也就是说，印刷品的制造费用由材料费和加工费两部分组成。材料费包括印刷材料费和装帧材料费，加工费按印刷品的印前、印中和印后加工过程分为印前制作费、印中印刷费和印后加工费。

计算总货款的公式：

总货款＝纸款＋开机费＋印刷费＋印前费＋印后费＋税金＋运费＋包装费。

第二节 纸款的计算

实训目标

1. 了解开纸选用的纸张；

2. 熟悉出版印张与装版印张；

3. 掌握纸款的计算方法。

实训任务

给定一本书，给定所用纸张价格，计算所用纸张的总价款。

一、开纸选用的纸张

我们很少见到全张的出版物，一般都需要开纸。那么，什么规格应选用正度纸，什么规格应选用大度纸（而特种规格的纸张因为生产批量会小一些，一般价格会贵一些，因此，如果可能的话，一般不选用特种规格的纸张），这是出版印制人员经常考虑的问题。因为同样定量的纸张，正度纸的面积比大度纸小，因此价格会便宜一些。例如以 $80g/m^2$ 双面胶版纸为例，如果纸张价格为 7150 元/吨，那么，正度纸的全张价格为 0.49 元/张，大度纸的价格为 0.61 元/张。因此选用纸张合适，能够裁出所需要的纸张，就可以省很多钱。

例：某出版物成品规格为 230mm×200mm，选择什么纸张规格？如何裁切最省钱？

解：用大度纸（889mm×1194mm），可以开成 20 开或 15 开：

20 开纸：1194÷23 = 5（刀），889÷20 = 4（刀），20 张，平均每张 0.031 元

15 开纸：1194÷20 = 5（刀），889÷23 = 3（刀），15 张，平均每张 0.041 元

用正度纸（787mm×1 092mm），可以开成12开或15开：

12开纸：1092÷23＝4（刀），787÷20＝3（刀），12张，平均每张0.041元

15开纸：1092÷20＝5（刀），787÷23＝3（刀），15张，平均每张0.033元

通过上述比较，应选用大度纸20开的开法，价格最低。

这些计算是不算加放的情况。实际应用中要加上加放数，因为传统印刷方法不可能每张纸都印出正品，而数字印刷可以做到。

二、出版印张与装版印张

出版印张就是在书的版权页上见到的印张数，如1.125、1.25、1.375、1.5、10.75、0.875等。凡是小于1的部分统称为零印张。装版印张或上版印张，是指印刷机装了几次版。装版零印张数只能大于出版零印张数。如0.5、0.125、0.25等零印张分别是一个装版印张，而0.375、0.625、0.75须各分为0.125+0.25、0.125+0.5、0.25+0.5两次装版，故分别是两个装版印张。0.875须分为0.125+0.25+0.5三次装版，因此是三个装版印张。这两个概念的区别与计算印刷工价中的晒版数量和印刷次数（印刷台数）直接相关，尤其是对起码数及以下的印刷产品的计价就更为重要。出版或委印单位在计价时，有的只把零印张入整，这是与工价表规定的标准不符的，也不符合生产的实际状况。

假设一本书的出版零印张为0.875，印数16000，单色两面胶印。

a. 按标准计价时就要把0.875分为0.5、0.25、0.125三个装版印张分别计价。设每对开千印10元，每对开每色晒上版70元，起码数为5000，则有：晒上版费=70元×2（色）×3（装版印张）=420元。0.5印张的印刷费A=10元×16000/1000×0.5（印张）×2（色）=160元。0.25和0.125印张这两次装版印刷的实际印数均低于5000，即按5000计价。印刷费=10元×5000/1000×2（色）（2次装版印刷）=200元。该产品零印张的

价格=420 + 160 + 200 = 780 元。

b. 如果只把零印张入整计算，价格就会有较大出入：0.875 入整就是 1，那么晒上版费 = 70 元 × 2（色）× 1 = 140 元。1 印张的印刷费 = 10 元 × 16000/1000 × 1（印张）× 2（色）= 320 元。该产品零印张的价格 = 140 + 320 = 460 元。与标准计算相差 780 − 460 = 320 元。如果要比较高于起码数的计算，只需将该书的印数设为 50000，其余条件不变即可。则有：

按标准计价晒上版费 = 70 元 × 2（色）× 3（装版印张）= 420 元。0.5 印张的印刷费 = 10 元 × 50000/1000 × 0.5（印张）× 2（色）= 500 元。0.25 印张的印刷费 = 10 元 × 50000/1000 × 0.25（印张）× 2（色）= 250 元。0.125 印张的印刷费 = 10 元 × 50000/1000）× 0.125（印张）× 2（色）= 125 元。该产品零印张的价格 = 420 + 500 + 250 + 125 = 1295 元。

c. 如果只把零印张入整计算，价格也会有出入：0.875 入整就是 1，那么晒上版费 = 70 元 × 2（色）× 1 = 140 元。1 印张的印刷费 = 10 元 × 50000/1000）× 1（印张）× 2（色）= 1000 元。该产品零印张的价格 = 140+1000 = 1140 元。与标准计算相差 1295−1140 = 155 元。

一些比较特殊的工艺，比如印刷实地、平网版面，或使用专色、金银油墨、防伪等特种油墨等，其纸张损耗比较多，加放数要适当增加，大于标准值。使用特殊的承印材料，比如金银卡纸、宣纸、特种纸等，因为这些材料的适印性较差，在印刷过程中损耗较多，需要适当加大纸张加放率，尤其是宣纸，加放率恐怕要以成数计算，才能够用。

三、纸款的计算

在正确计算出印刷品用纸量之前，应首先了解或识别出该印品所用纸张的品种、规格、价格以及质量。纸张质量是不容忽视的一项，因为它直接影响印刷品的外观和内在质量。所以，知道了该印刷品的用纸量和品种、规格、价格，就可以计算出它的纸款了。

常用的计算公式

纸款 = 总用纸量 × 单价

纸张种类的选择是相对于印刷品的种类而言的。也就是说，这种出版物要采用什么印刷工艺印刷，而这种印刷工艺要采用什么样的纸张。例如出版物采用胶印印刷，适合胶印印刷的有铜版纸、胶版纸、胶版书刊纸、轻涂纸等，根据出版物的档次、图文的多少，选用相应的纸张。例如画册就应选用铜版纸，才能有较好的图像复制质量。即使是选用铜版纸，也有不同的定量，例如 90g/m²、100g/m²、120g/m²、157g/m²、180g/m²、200g/m² 等，同一种定量还有特级、一级、二级之分。不同的造纸厂生产的纸张也有不同的价格，这里面包括选用的纸浆、生产工艺和运费、仓储。即使是同一家印刷厂、同一种级别的纸张，还有因不同时期购置而受到市场价格波动的影响而有不同的价格。因此选用纸张是出版部门在选择出版物用纸时需要权衡的一个重要问题。

在准确计算出印刷品的用纸量之后，并且知道所用纸张的品种、规格、价格，根据上述提到的公式就可以计算出纸款了。

按照传统的算法，首先算出这种纸每吨的张数，即用吨重量除以每张的重量。

因为 1 吨 = 1000000 克，每张全张纸的重量 = 纸张面积 × 所用纸张的定量，所以

张数/吨 = 1000000 ÷（纸张面积 × 所用纸张的克重）

然后，用每吨纸的价格除以每吨纸的张数，即

价格/张 = 价格/吨 ÷ 张数/吨

例如，正度纸（787mm×1092mm）100g/m² 的铜版纸吨价是 7000 元，

纸张面积 = 787mm × 1092mm = 859404mm² ≈ 0.86m²

张数/吨 = 1000000 ÷（0.86 × 100）= 11628（张/吨）

即：

价格/张 = 价格/吨 ÷ 张数/吨 = 7000 ÷ 11628 ≈ 0.602（元/张）

第四章
图书印制成本预算

对于出版印制人员，经常要计算纸张的价格，每次都要这么计算会有很多步骤是重复的，是很繁琐，而且也增加了出错的机会。因此，很多出版印制人员总结了一些快速计算法，例如把每种规格的纸计算出一个常数，这样在计算纸张单价时，在这个常数上继续计算下去就可以了。

例如，纸张规格为 787mm×1092mm，用每吨的质量 1000000g 除以 787mm×1092mm，得到 1.163597，小数点后保留三位约等于 1.164，这个数字作为规格为 787mm×1092mm 的纸张的计算常数。这样在计算规格为 787mm×1092mm 的纸张的单价时，只要知道纸张定量就可以很快地计算出每吨的张数了。即

张数/吨＝常数÷（所用纸张的定量÷1 000）

价格/张＝价格/吨 ÷ 张数/吨

同理，用上面的方法可以算出 889mm×1194mm 的常数为 942，850mm×1168mm 的常数为 1007，880mm×1230mm 的常数是 924。

例：大度纸（889mm×1194mm）128g/m^2 的铜版纸吨价是 7000 元，求每张纸的价格。

张数/吨＝常数÷（所用纸张的定量÷1000）＝942÷（128÷1000）＝7359（张/吨）

价格/张＝价格/吨 ÷ 张数/吨 ＝ 7000÷7359 ＝ 0.95（元/张）

还可以列出各详细的表格，例如把纸张定量也预先算好的另一种常数。或是把上述两个计算步骤合并成一个步骤的算法。如

价格/张＝系数 ×（所用纸张定量/100）×（纸张的吨价/10000）

例如，大度纸（889mm×1194mm）的系数可以这么算

系数 ＝ 889×1194÷1000000 ≈ 1.06

假设 157g/m^2 铜版纸的纸张价格是 7500 元/吨，那么

单张纸价 ＝ 1.06×（157/100）×（750/10000）＝ 1.248 元

同样，正度纸（787mm×1 092mm）的系数可以这么算：

系数 ＝ 787×1092÷1000000 ≈ 0.86

假设 157g/m^2 铜版纸的纸张价格是 7500 元/吨，那么

单张纸价 = 0.86 ×（157/100）×（7500/10000）= 1.01（元）

同样，特殊规格的纸张，880mm×1230mm 的系数为 1.08，850mm×1168mm 的系数为 1。

第三节 加工费用的计算

实训目标

1. 了解书刊印前、印中、印后加工等费用计算应考虑的因素的基本原理；

2. 熟悉书刊印前、印中、印后加工等费用计算应考虑的基本原理；

3. 掌握书刊印前、印中、印后加工等费用的计算方法。

实训任务

给定一本书，计算其制版、印刷、装订的费用分别是多少，总的加工费用是多少。

印刷计价中与印刷工艺有关的费用一般按工序来计算。根据印刷工艺的前后工序，一般分为印前、印刷（这里仅指在印刷机上的印刷，因此为了不与前面所提到的印刷相混淆，下面以印中来表示）、印后，以及其他费用，如仓储和运费，这部分费用也往往算在印后的范畴。

1. 印前

印前所涉及的工艺环节有设计、排版（彩色图像还有制作的工序）、校对、出片、打样，其包含的费用有设计费、排版费、校对费、出片费、打样费（若采用 CTP 工艺，出片费这一项就没有了）。

2. 印中

所涉及的工艺环节有拼版、晒上版、印刷，其包含的费用有拼版费、晒上版费、印刷费（若采用 CTP 工艺，拼版费这一项就没有了）。

3. 印后加工

印后所涉及的工艺环节有封面整饰、装订、打包和运输，用有封面整饰费（如覆膜费、UV 费、烫金费、起凸费、压凹费、磨砂费）、装订费、包装材料费和运输费等。

因此，根据以上叙述，一般印刷品总费用的构成，即：

印刷品计价和报价的总费用＝印刷材料费＋装帧材料费＋印前费用＋印中费用＋印后加工费

在实际操作过程中，对于不同的人员和不同的印刷品，并不是每件印刷品的费用都包含上述五项内容的，具体应根据各自所涉及到的工艺进行计算。

一般情况下，需要对印刷品进行计报价人员有：印刷厂业务员、编辑人员、出版印制人员、与出版和印刷有关的管理人员及其他相关人员等。

由于不同人员对印刷品费用的关注点不同，因此其计算费用的内容也有所不同，要视具体情况而定。

一、印前费用计算

开机印刷前工序所需要的费用叫印前费用，印刷后再有加工程序所需要的费用叫印后加工费用。

任何印刷品的加工、生产都离不开设计、制版的过程。所谓设计、制版就是制版公司或印刷厂接到委印单位的原稿后，按客户要求加工出阳图片（业内俗称菲林，菲林是 Film 的音译）的过程。印前费用具体包括：打字、设计、扫描、制作、输出胶片或硫酸纸、打样（喷墨打样、激光打样）、电子分色打样、接稿、校稿等的费用。有的还包括交通费用。

不同公司的设计水平不同，收费也不同。各个地区的设计费也不尽相同。印刷行业设计费相对广告公司较低。有些企业把设计费与打样和胶片的费用合在一起，例如：200~500 元 / 页，包打样、胶片。这里的单位是页，业内常以 P 来指代，P 是 page，指的是 A4 幅面的页面大小，这也是数字印刷常用的计费单位。

制作费指的是根据出版单位提供的设计版式对图文进行加工，制作费的收取分三类：文字类、画册类和包装类。如：

（1）文字类。加工范围指从文字原稿到单页电子文件清样。按每千字价格（如10元／千字）乘上总千字数，或按单页价格（如5~15元／页）乘上总页码。单价根据多少和难度而定。这里的单页按每页的基准字数1480字计，超过的按比例加价。

例如，社会科学类为8.00元／千字，自然科学类为9.80元／千字，古典类（不混排及行间不串排大小字的）为10.00元／千字，古典类（行间单双行混排的）为13.00元／千字，字典词典类为13.20元／千字。

一般以文科图书为基准，有公式和英文的内容按比例上浮。排版费以三个校次为基础，超过3个校次的增加打样费。

(2) 画册类。按页收费，即每16开单面制作价格乘上总页码，如某地区每16开纸的一面收费100元。

(3) 包装类。基本按开数收费。如某地区三开包装箱制作费为400元。

制版费除了以上的收费标准还要兼顾制作的难易程度，难度大的收费多，如化学、科技版式等。

A. 制作费

委印单位提供原稿，原稿的种类包括单色文字稿、线条稿、表格稿、网线稿等。现就以上这几种原稿进行详细的分析、计算。其计算公式为：

制版费＝录入费用（或制作费用）＋菲林费用（或硫酸纸费用）

不过，为简化计算，也常常以包干的方式进行，例如制作费：130~200元／页，包打样、胶片的费用。

B. 胶片、硫酸纸费

进口胶片：10元／页；国产胶片8元／页

硫酸纸：2.00元／页

喷墨打样：15~20元／页

C. 扫描：根据扫描网点数和总的图像文件的大小来定。扫描的起码价为10元（10MB内）商业印刷，每多1MB加1元。

D. 出片／打样为每色价。

E. 拼版、晒版

（1）拼版为对开价，开本不同价格也不相同。

（2）如客户取走拼好的版，应收片基费或拆下片基。

（3）拷贝价格内，包含片基费。

（4）晒上版费。联晒每联加25%。印数或转数超基数的即加一次晒上版费。计算公式：单价 × [印数（大于4万）− 4万]（小数进为1）。

二、印刷费用计算

印刷费用的计算一般是以色令为单位的，因此印刷计价公式也常称色令公式。虽然有些项目或计算方式并不以色令为单位，但统一以色令作为印刷的标准计价单位最简单直接，容易包含复杂的具体项目，容易理解和操作，而且也不易出错。在原北京地区印刷工价表中，平台机印刷的计价单位为对开千印，轮转机印刷的计价单位为令或印张。指导工价对原设计进行了简化，统一以色令为印刷的计价单位；并增列以印张和对开印张为计量单位的两个单价数据系列。色令为通用计算单位，因为解决了单面印的计价；印张最适合双面印尤其是必然双面印的轮转计价。计价人员可对应使用，会减少失误、加快速度。如果统一到色令上来，轮转计价单位原为令，改为色令，单位小了一半。如单色轮转8元/色令，折合94年工价体系的16元/令。

一色令指每500张全开纸印刷一色。也就是说，在对开印刷机上，每1000张对开纸印刷一色为一色令。在四开印刷机上，每2000张四开纸印刷一色为1色令。在六开印刷机上，每3000张六开纸印刷一色为1色令。

其计价公式为：

色令 = 装版印张数 × 印数 /1000 × 印次

在工价表上所列的价格均为一色的价格，多色价格 = 单价 × 色次数。例如，对于彩色印张来讲，全开纸单面彩色为4色令，双面彩色为8色令。专色是要另外计算的，因为专色通常要涉及到清洗输墨装置，而且大部分厂家的机器配置都是四色配置，专色需要二次走纸，因此习惯上一个专色按2色算，以弥补印刷时在印刷准备方面的损失。同样，大面积实地或平网的印刷是有难度的，如果不增加工价的话很难体现印刷厂的劳动价值和优质优价的指导方针，因此可以在一色价格的基础上加50%。

例如：某书有2印张，用60g/m² 正度胶版纸印10万份，一面印2色，一面印1色。假如双面印单价为10元/对开千印，书版轮转单价为0.012元/印张，八色转轮单价为12元/对开千印，平台四色机单价为20元/对开千印。分别按原规定的计量单位和色令计算印刷费用。则有：

①按原规定的计量单位计算

双面印总价 = 10元/对开千印 ×（2印张×100000印/1000）×（2+1色）= 6000元

书版轮转总价 = 0.012元/印张×2印张×100000印×（2+1色）/2 = 3600元

八色转轮总价 = 12元/对开千印 ×（2印张×100000印/1000）×（2+1色）= 7200元

平台四色机总价 = 20元/对开千印 ×（2印张×100000印/1000）×（2+1色）= 12000元

②按色令计算

该书色令数 =（2印张×100000印/1000）×（2+1色）= 600色令

双面印总价 = 10元/色令（对开千印）×600 = 6000元

书版轮转单价 =（0.012元/印张）/2×1000 = 6元/色令

书版轮转总价 = 6元/色令×600色令 = 3600元

八色转轮总价 = 12元/色令（对开千印）×600色令 = 7200元

平台四色机总价 = 20元/色令（对开千印）×600色令 = 12000元

从实际运算过程可以看出以色令为计算单位，可以将书版轮转和平台机的印量计算为同一数据，只需事先将书版轮转的单价换算为以色令为单位的数据，即可方便快捷地进行运算，也很容易在几种机型中进行比较和选择。

在印刷厂的实际计价中，印刷的工价是包括PS版费的，具体的算法是：

印刷总价 = 令数 × 单面或双面 × 色令价 + PS版费

PS版费根据机器的印刷幅面不同而不同。

③开机费

还有一个例外是起版费，也有些企业称为开机费。也就是说，如果超过一定的印刷价格，则按上面的方法计算，如果没有超过这个称为起版费的价格，则按起版费算，这样印十张八张也要等同于一定的起始印数的价格。

超起版与未超起版。超起版按色令计算＋PS版费用，双面印刷未超起版按实际色令价计算＋PS版费用（自反不用加收此费用）＋开机费，单面印刷只需开机费，不同的印刷公司有不同的最低开机费。

各个印刷企业的开机费会有差异，开机费是根据印刷品难度、时间、色泽来确定的。下面是一些印刷企业规定的开机费。

双色四开印刷机为500~800元/万张16开

双色对开印刷机为800~1200元/万张16开

四色对开印刷机为1000~1500元/万张16开

单色机：

四开机：100元~200元1张板/万张16开

六开机：50~100元1张板/万张16开

八开机：50~80元1张板/万张16开

以下所有例子都按此价计算：$157g/m^2$纸价：8500元/吨印刷：30元/色令 PS版费：30元/块（4色为4块版）

未超起版开机费为400元，超过400元，按35元/色令，所有单张切工10元/令，画册除外。

在未超起版的情况下，给出一些计价的实例。其中数字在实际情况下会有所不同。

例1：一个单面印刷的印件，大16开，5000张，单面四色，$200g/m^2$双面铜版纸，切成品，共需要多少费用？

用纸令数：（5000张＋300张损耗）÷16开÷500张/令＝0.66令

纸张费：0.66令×0.531×8.5千元/令×157克≈470元

印刷费：0.66×4色×30元/色令 + 120元PS版 = 199元，199元没有超过起版价，所以按起版价400元计。

合计：470纸费用 + 400印刷费用 + 10包装费 + 50运费 = 930元

例2：双面自反的情况。有一客户印5000张大16开，双面四色印刷，157g/m² 双面铜版纸，求共需要多少费用？

解：大16开双面彩色，可以拼成8开，用8开印刷机自反印刷，可以节省版费和印刷费，但纸张损耗要按8开损耗，一般印刷损耗按最低加放数按3%，未超300张按300张放数。

纸价：重量（定量）× 令数 ×（吨价÷100）× 定量 = 所求总纸价（注意：令数包括3%的损耗）

印刷：令数 × 单面或双面 × 色令价 + PS版费（根据机器的幅面开定价）

令数：(5000÷2 + 300)÷8÷500 = 0.7（令）

纸价：0.531×0.7令×8.5千元/吨×157g/m² ≈ 500元

印刷费：0.7令×4色×30元/色令 + 400元（开机费）≈ 490元

包装费：5元/个×2 = 10元，运费：50元（根据距离估计，一般离厂不远的情况工厂就不计运费了，作为一个优惠措施。）

合计：500 + 490 + 10 + 50 = 1050（元）

例3：双面正反印刷的情况，有一客户印5000张大8开，双面四色印刷，157g/m² 双面铜版纸，共需要多少费用？

令数：(5000 + 300)÷8÷500 ≈ 1.33（令）

纸价：0.531×1.33令×8.5千元/吨×157 ≈ 945元

印刷费：1.33令×4色×30元/色令 + 120元单面PS版费 + 400元/开机费 ≈ 680元

包装费：5元/个×2 = 10元，运费：50元（跟据距离估计）

合计：945 + 680 + 10 + 50 = 1685（元）

超起版的计算举例如下。

例1：双面印刷。有一客户印20000张大8开，双面四色印刷，157 g/m²

双面铜版纸，共需要多少费用？

令数：(20000 张 + 3% 损耗) ÷ 8 开 ÷ 500 张 = 5.15 令

纸价：0.531 × 5.15 令 × 8.5 千元 / 吨 × 157 克 = 3650 元

印刷费：5.15 令 × 8 色 × 30 元 / 色令 + 240 元 PS 版 = 858 元

包装费：5 元 / 个 × 8 = 40 元，运费：80 元（根据距离估计）

合计：3650 + 858 + 40 + 80 = 4628 元

例 2：自反印刷：有一客户印 40000 张大 16 开，双面四色印刷，157g/m² 双面铜版纸，计算印刷费用？

令数：(40000 张 ÷ 2 + 3% 损耗) ÷ 8 开 ÷ 500 张 = 5.15 令

纸价：0.531 × 5.15 令 × 8.5 千元 / 吨 × 157 克 = 3650 元

印刷费：5.15 令 × 8 色 × 30 元 / 色令 + 120 元 PS 版 = 740 元

包装费：5 元 / 个 × 8 = 40 元，运费：80 元（根据距离估计）

合计：3650 + 740 + 40 + 80 = 4510 元

例：有一客户印 2000 本说明书，包括封面用 200g/m² 国产纸每本用 20 张正度 16 开，封面单过哑胶，局部 UV，LOGO 烫银，锁线胶装，共需要多少费用？

纸：封面实际数量 + 印刷损耗 + 过胶损耗 + UV 损耗 + 烫银损耗 + 锁线胶装损耗 = 封面所需纸张

内页实际数量 + 印刷损耗 + 胶装损耗 = 内页所需纸张

合计：纸钱 + 印刷费 + 封面 + 单过哑胶 + 局部 UV + LOGO 烫银 + 锁线胶装 + 包装费 + 运费 = 所求的费用 纸张费（包括损耗）+ 印刷费 + 后加工费 + 包装费 + 运费 = 印刷所需费用

如有特别费用，另外计算。比如胶片输出等。

三、印后费用计算

凸版印刷、平版印刷、凹版印刷的成品，必须经过整饰，才能供阅读或使用。

整饰过程的范围和性质，决定于印刷品的种类。例如：报纸、广告、宣传画、单张画片、书籍、期刊、账簿等印刷品，必须进行一系列的加工整理或装订成册，才可以送往读者或客户手中。印刷后的加工整理统称为印后加工。

印后加工的计算比较复杂和繁琐，主要包括烫金、压凹凸、压纹、过塑、压线、粘、切、包装、运费均为印后加工费用。

（一）印后的计量单位

装订工价的计量单位比较杂，因为只使用一种计量单位不容易把各种装订工序都包括起来，常用的计量单位有印张、帖和折手。

这三个装订计算单位，按反映劳动量的精确程度评价，最精确的是折手，其次是帖，再次是印张。折手的确定是一项较为复杂的过程，且非一般计价人员所能为。印张虽感粗糙，却易于确定，且利于与出版接轨和速算。所以，《指导工价》采用以印张为基本计算单位，以折手折合印张的模式，试图兼得两者的优点。如果一个印张（对开纸）包含 2 个折手，加 100%。一个印张（对开纸）包含 3 个折手，加 200%。一个印张（对开纸）包含 n 个折手，加 (n − 1) × 100%。

原工价表以三个印张为基本计量单位，指导工价简化为一个印张。如骑马订，过去三个印张基价 0.034 元，折合一个印张约 0.0113 元；现在一个印张 0.02 元，实际有所提高。

在过去的印刷工价表中，有些是以千份为单位，现在改为一份为单位，便于按本计算。这种更改也体现了现在短版印刷之风逐渐兴起的趋势。

在统一单位中，表面整饰价格计量单位就应该考虑以平方米为单位，虽然有走纸次数一说，但因为表面整饰的工价，也应该考虑到面积大小对成本产生的影响。

（二）起码印张数

与印刷的开机费或超版费相同，装订也应该有类似的起订价格。新的工价表新增加了各种装订方式的起码印张数，在薄本书升高装订方式时，保护了行业利益。

内容如下：

(1) 折页。数量不同差距较大。例如按照折页的次数计费，例如0.01元/手折。

(2) 覆膜费。按平方米或开数计算。例如，光胶对开大度纸0.26元，光胶对开正度纸0.23元，光胶四开大度纸0.14元，光胶四开正度纸0.12元，光胶六开大度纸0.14元，光胶六开正度纸0.12元。光胶八开大度纸0.14元，光胶八开正度纸0.12元，哑胶对开大度纸0.35元，哑胶对开正度纸0.31元，哑胶四开大度纸0.15元，哑胶四开正度纸0.14元，哑胶六开大度纸0.19元，哑胶六开正度纸0.17元，哑胶八开大度纸0.11元，哑胶八开正度纸0.10元。

(3) 骑马订。每本约0.05~0.1元（不计厚薄，骑马订都比较薄）。平订0.05元/本。

(4) 锁线。锁线是指将配好的书帖逐帖用线串钉成书芯的加工过程。在印刷标准和北京地区印刷工计价表中使用的文字均为"锁线"二字，而在上海的印刷工价表中使用的是"串线"二字。

(5) 胶装。分为无线胶装与有线胶装。

(6) 精装。长期以来精装计价是出版印刷界觉得繁琐的难题。因为精装涉及到多个工序，也有多种精装的方式。在现行北京地区印刷工价表中，精装计价设计为书芯装订、制壳和上封三个项目。指导工价将其简化，设计为三项合一，会大大加快精装的计价速度。

(7) 包书封面。0.05~0.10元/本。

(8) 打码。按张数计算，一个印次约0.02 ~ 0.03元/印次。

(9) 模切。按千张计算。也有按印次计算的，0.02~0.05元/印次，模切版的收费是外进行的。加模切版的费用每块版30~200元/块板。

(10) 压凹凸。也叫起凸，价格和模切相同。

(11) 烫金。按实际的烫金面积算。

(12) 上光。按印刷的一色印工来计算。而UV上光的计算有不同，UV

上光通常是局部上光，因此其价格多少也与面积有关。

(13) 酒类和高级礼品类的磨砂、冰花等价格按面积计算。

(14) 糊。例如糊手提袋，按个计算（包括模切费），如 0.40 元/个，加模切版 50~80 元。粘信封和文件袋价格：例如二号封、五号封、六号封每个 0.01 元，七号封每个 0.015 元，九号封每个 0.025 元。粘文件袋、档案袋 0.15 元/个。

(15) 裱糊纸盒。按面积计算（含模切和订箱）。有的根据大小、每批的数量来定价，一般一手粘 0.005~0.02 元/手粘。

(16) 捡联报价。一令纸 10~35 元（折页次、包头、点数、次数具体定价）

(17) 打号码。一个印次 0.02 ～ 0.03 元/印次

在新的工价表中增加一些实际发生的新加工项目，如装袋、贴标、粘盘等，为结算提供依据。

四、其他计价项目

除了上述一些在工价本上可以查到的费用外，还有一些费用可能不包括在工价本中，或是工价本上规定了，但执行起来具有较大异议的情况。

（一）优质优价的标准化理解和处理

有的出版社或委印单位在和印刷厂结算时，做到了劣质劣价，但优质不优价，这就有违标准了。其实，在《北京地区印刷工价表的几点说明》中有如下规定："七、厂社双方应按照北京市印刷工业总公司京印发字[1989]5号文件《关于实行产品优质优价劣质劣价的规定》执行"，"八、北京地区印刷产品如打入国际市场、出口换汇，或高档优质品（含对国外宣传品）可以实行优质优价"。出版或委印单位和印刷企业双方均应按照此标准规定执行，奖优罚劣，以促进生产力的发展。

（二）运输费

运输费的标准在工价表中也规定得很清楚。如在《北京地区印刷工价表的几点说明》中有如下规定："十、成品完成后，由工厂负责送往委印单位指定的不超过三处的市内（不包括远郊区县）地点。需送其他地点者，由委印单位自理。"在实际操作中，如要求工厂运送，应该由委印单位付给工厂运费。

（三）费工费料的标准化理解和处理

有些无形损失双方往往不易计算，这在北京地区印刷工价表几点说明的三、四两项中有如下规定："遇有工价本规定中没有的费工费料或省工省料的产品，按实际耗用的工料计价；委印单位原因造成工料损失者，应当按实际损失额赔偿给工厂。"总之，实事求是，一是费时和节约均应计算，二是要按实际发生额计算。

（四）累计、累进标准化理解和处理

在《北京地区印刷工价表的几点说明》中已有明确的规定：

"十一、本计算办法中所列各表，如同时出现几项需要加成的项目，表内项目按累计法计算。但急、密件的加成需按累进法计算。"

这里所说的"表内"应当包括说明在内，即主表和说明中如同时出现几项需要加成的项目，按累计法计算。

如一本书大16开，3个印张，胶版纸，6000册，骑马订，计算装订价格。则有装订价格 = 0.035元 ×[1 + 30%（胶版纸）+ 20%（大度）+ 50%（短版）]×6000 + 0.50元 ×18×（1 + 20%）= 430.80元。

如果是急件，按工价表的规定，应当按累进计算。如一本书大16开，3个印张，胶版纸，6000册，骑马订，加急20%，计算装订价格。则有装订价格= 0.035元 ×[1 + 30%（胶版纸）+ 20%（大度）+ 50%（短版）]×6000 + 0.50元 ×18×（1 + 20%）×120% = 516.96元。

（五）大度纸的加成问题

在印刷计价项目中，因为使用大度纸而需要加成的项目并非适合于所有工序。但哪些项目适用大度纸加成，出版或委印单位和印刷企业往往各执一词。一般说来，凡是因使用大度纸会引起材料增加的，应该使用大度纸加成。例如晒版，大度产品图文的面积一般均大于正度产品，在晒版工序的显影、定影、冲洗等环节所使用的药液、时间均多于正度产品，所以按标准应当给予晒版项目以大度加成。同理，套白油也应当给予大度加成。因为大度使用的白油肯定多于正度。从理论上讲，大度纸应该在每个工序上都会产生需多付出劳动或多使用材料的情况。但也有一些项目不太明显，就不应使用这个加成。例如跑空，在实际印刷过程中，跑空的滚筒上不进行任何作业，所以跑空项目就不应当给予大度加成。

（六）短版印刷的加成问题

短版印刷在生产实际中的产量比做长版产品产量低，所以要给予补偿。因此印刷工价中提到了短版印刷加成的问题。短版印刷加成的范围在适用于全部书刊装订，不但适用于书刊装订和彩插，也同样适用于书刊装订零件。因为零件是全书的有机组成部分。

在做精装封面项目中，为了防止装订出现尾数，尤其是册数少的短版产品，必须给一个基本的绝对数字作为起码的加放。这个数字一般最少定为30册。如果按加放比例计算超过30册，则应当按计算结果执行。

随着科学技术的进步，印刷设备和材料的不断更新，新的加工方式和工艺也不断出现。在生产实践中，每一种加工都会有一定比例的作废率，所以必须给予一定的加放数。而且是有一种加工就有一种加放数，比如对同一加工对象进行三种加工，就要给三次加放数，在计算总加放数时要把三次加放数相加。委印单位和印刷厂双方应当对上述原则达成共识。至于具体比例或数据双方应当依据实际作废数据规定，并进行试运行，再根据试运行结果对现行标准予以修改。

卷筒纸超重的标准化理解和处理即在规定的面积值时实际重量大于标准值，使印刷厂实际可以使用的纸张面积不足。但是，出版社或委印单位却是按标准值的价格计算并支付材料费的，这就产生了纠纷。解决这一纠纷的途径，首先是由出版社或委印单位、印刷厂、纸厂这三个方面到使用现场当场验证。验证的标准方法有两种。

第一种方法是取印好的对开书页 1000 份，使用比较精密的称重工具进行测量，将测量结果与标称值进行比较，得出超重比例。三方依据测量结果进行协商，或由纸厂将纸张差额补给印刷厂，或由出版社或委印单位减付材料费。比如使用 $52g/m^2$、787mm 宽度的卷筒纸张进行印刷，按纸张行业的标准和印刷机的裁切幅面计算，每令纸张重量的理论值应当是 22.34kg。如果现场测量重量为 22.6kg，则该种纸张超重的比例大约就是：（22.6 – 22.3）/22.3×100%=1%。假设这批纸的使用量是 100 吨，则纸厂就应当再给印刷厂发 1 吨纸，这样印刷厂才能按出版社或委印单位规定的数量完成印刷任务。如果是印刷厂把纸张差额补齐，就应当少付给纸厂 1 吨纸张的货款：5000 元 ×1=5000 元。

第二种方法是当场对即将上机印刷的既定卷筒纸进行称重，并按实际重量计算出应当印刷出的书页的数量。然后立即使用这个卷筒纸进行印刷，当场点验印出书页的数量，并与理论值进行比较，计算出书页减少的比例。以后程序即可按第一种方法进行。比如使用 $60g/m^2$、850mm 宽度的卷筒纸张进行印刷，按纸张行业的标准和印刷机的裁切幅面计算，每吨纸张可以印刷出书页的数量的理论值应当是 28.5 令。如果现场测量重量为 400kg 的卷筒纸实际印出书页折合每吨 28 令，则该种纸张超重的比例大约就是：（28.5 – 28）/28×100% = 1.8%。假设这批纸的使用也是 100 吨，则纸厂就应当再给印刷厂发 1.8 吨纸，这样印刷厂才能按出版社或委印单位规定的数量完成印刷任务。如果是印刷厂把纸张差额补齐，就应当少付给纸厂 1.8 吨纸张的货款：6000 元 ×1.8=10800 元。

卷筒纸短版产品按标准比例计算加放量是不可行的。比如印 3000 册的书刊产品，按标准比例九折计算，应给加放数 30 张。而在实际操作时，每换一次印版，纸张的损失就近 10m，合 20 张左右，显然不敷使用。所以在工作实践中，创造出一种新的标准解决方法，即每更换一次印版，另外增加上版加放纸 5kg，这 5kg 是专指 52g/m² 定量、787mm 宽度的纸张，如果使用其他定量或宽度的纸张，还要进行换算，换算公式为：5kg×40/所用纸张的出纸率。比如使用 787mm 宽度的 60g/m² 纸，其上版加放量为：5kg×40/35 = 5.7kg。再比如使用 52g/m² 定量、850mm 宽度的纸张，其上版加放为：5kg×40/33 = 6.1kg。卷筒纸非常用纸产品。一般书版轮转机常用纸张多为 52g/m²、55g/m²、60g/m² 的凸版/书写纸，如果使用字典纸等轮转机不常用的纸张或胶版纸等吸墨性能不如一般书写纸的纸张，出纸率应当适当降低。

（七）纸张、材料加价的方式

按工价表的标准规定，纸张、材料一般由出版或委印单位采购，这部分费用除了纸张、材料本身的价格外，还要有运费、装卸费、仓储费和采购人员工资等。所以，出版社或委印单位委托印刷企业采购纸张材料，按标准也应当按上述费用结构支付。至于计算方法和数据，工价表中有几点说明，可以参考和作为协商的标准依据："凡需由工厂代料的纸张和材料，一律按工厂进价加 15% 收款（由外省市纸厂直接购货，可另收实际运杂费）。"这部分费用还要预先支付，在工价表的几点说明中也有规定："委印单位要求包工包料，按印张定价者，双方协商定价。要签定合同，并预收部分费用。"有的出版社或委印单位，既要印刷企业购纸，又不给纸价以外的费用，还往往不能预付，印刷厂就难以承受。

（八）税率计算

加工发票税率 6%，加个人所得税、城建税等六项税率，合计约 10% 左右。有些印刷企业为简化计算，即按 10% 算，为总货款×110% = 含税货款。

例：有一客户印总货款是 8000 元×110% = 8800 元是应收款。

（九）数字印刷

数字印刷作为一种新兴的印刷门类，从刚进入市场时的高价位，必然随着规模的逐步扩大而相应趋向中低价位。印刷指导工价中没有采用带有广告性质的极低价位，而是采用了中等价位，以期保护和促进数字印刷健康发展。

在数字印刷得到发展，在书刊印刷领域中得到广泛应用的时候，会逐渐形成相应于数字印刷的计件体系。

数字印刷的工价现在多数包含纸张的价格。在以后最好能将纸张与加工分开计算。因为纸张的价格在数字印刷品中占有相当高的比例，分开计算容易体现出数字印刷工价实际上并不高，容易使印刷厂和委印单位双方心理平衡。二是纸张价格的波动比较大，不仅不随双方的意志在变化，且其频率高于加工费的变化。

第四节 出版物成本

实训内容

1. 了解出版物的全部成本及成本构成;

2. 熟悉图书出版中直接成本项目;

3. 掌握出版物成本控制的方法。

实训任务

弄清楚直接费用、间接费用与期间费用之间的差别。

我国出版企业一般将成本的构成分解为若干不同的组成部分,如出版社将图书成本分解为纸张费、装帧材料、稿费和校对费、制版费、印刷费、装订费、编录经费、营销费用及策划成本等(以下以图书成本为例来分析出版企业的成本管理),然后根据各项成本内容进行成本预测、成本计划及预算、成本核算、成本分析和成本考核等工作。这些成本管理工作是多年沿袭和积累下来的。

一、出版物的成本及其构成

出版物的成本是出版物在生产和销售过程中所耗费的生产资料价值和必要劳动价值的货币表现。简单地讲,出版物的成本就是出版社在出版物的编辑、复制和发行活动中所支付的各项费用。

各类出版物的成本都是由出版物生产、管理和销售全过程具有阶段性各种支出的归集,反映出版物的生产经营活动的全部费用。各类出版物的具体成本组合是有所不同的。

书刊的各项成本中,书刊的直接成本对于不同的出版社而言大致相同,因为这与书刊的印刷过程有直接关系。书刊的间接成本和期间费用在不同的出版社有不同的计算方法,包含的内容也不同。书刊的直接成本所占的比例最大，仅书刊直接成本中的纸张费用就占70％左右，因此研究书刊直接成本计算方法意义重大。

从广义上讲，出版物的全部成本由直接成本、间接成本和期间费用构成，我们按照费用与出版物品种之间对应的关系，将出版物生产和销售过程中所发生的所有费用，化分为直接成本、间接成本、期间费用三类，分别进行归结、计算。

1. 直接成本

直接成本是指直接反映某一出版物品种生产过程的各项支出，即可以直接计入某一出版物品种的生产成本。直接成本核算的基本内容有稿酬及校订费、租型费用、原材料及辅助材料费用、制版费用、印装（制作）费用、出版损失和其他直接费用七个项目。其中纸张费用所占的比例相当大。每一种费用都有自己的估算公式，需要有各自的估算单位标准。

① 稿酬及校订费。是指出版单位支付给作者、翻译者、校订者的报酬。包括基本稿酬、印数稿酬、一次性稿酬、版税和专门用于各种文字翻译审核的校订费。图书的稿酬目前有3种形式，第一种是千字稿酬，即每千字多少稿酬，如30元／千字，一本50万字的书，稿酬为15000元，一般是出版后一个月内就必须支付的。第二种是版税，国外多为版税，目前国内也多采用，如7％，销售出5000册，定价是20元，稿酬即为$5000 \times 20 \times 7\% = 7000$元。版税是指销售出的稿费，所以不是出版后就付的。第三种是一次性稿酬，譬如说某书稿说好一次性付10万元，以后就不再拿稿酬了。一次性稿酬是在交书稿时支付的。

② 租型费用。原指租纸型的费用，现在已没有纸型，而是照排胶片或PDF文件、排版文件，因此租型费用指的是向其他出版社租赁型版（胶片）来印制、发行出版物而需要支付给出租单位的使用费。延伸一下它的真正涵义，指的是一种版权贸易的行为。例如浙江某出版社需要向音乐出版社租借小学1~6级音乐课本胶片，在浙江地区印制发行，共发行码洋300万元，

发行教材收入归该出版社所有，但是这家出版社需要按定价的一定比例向音乐出版社支付专用出版权的许可使用费，这种费用就是租型费。

③原材料及辅助材料费用。指为生产某一出版物品种所耗费的原材料及其辅助材料。例如：生产图书需要纸张、装帧材料、包装用料，生产音像制品需要磁带、录像带等材料作载体。这些原材料和辅助材料是构成出版物的物质载体。

④制版费用。出版物在生产过程中从发稿之后到批量复制之前或者在网络上正式推出之前这个阶段所支付的费用。例如纸介质出版物是指录入、排版、制版、出胶片的费用。音像制品、电子出版物指的是母带制作费用。网络出版物在正式推出之前的文字录入、排版、校对等费用。

⑤印装费用。也称制作费用，指出版物在生产过程中从自制到开始上市销售之前这个阶段所支付的费用等。按生产工序可分为印刷、装订费用，或是制作、包装费用。例如纸质出版物（如图书、期刊、报纸等）的印刷费、装订费，对于音像制品来说，指的是复制费、包装费等。

⑥出版损失。指出版物在尚未完工之前因出现废品而造成的报废，这里指的是"净损失"。"净损失"是指已扣除过失责任人应承担的赔偿费用外和材料价值后的实际损失。通常列入出版损失的有：因出版单位原因造成的停工损失费；重新加工费、原辅材料费；出版单位因故要求中止出版物的生产时，原来支付的费用不能收回造成的损失和为清理而付出的费用；支付给作者的退稿费；超校次清样费，因校样改动过多支付的费用，非管理原因造成的损失。

⑦其他直接费用。指除了上述费用外，其他可以归于某一出版物品种的其他直接成本。例如：可以明确归属某种出版物的前期策划费用、编辑加工费、审稿费、资料费、调研费、选题策划费等。为策划某一图书而发生的开发、调研和专题会议费用等。

2. 间接成本

间接成本是指某些虽然与出版物的生产有关,但难以明确区分与哪个具体品种直接相关,而只能按一定方法分摊到出版物的完工产品中的各种间接生产费用,即编辑部门所发生的各项支出,包括编录经费(如编辑部门的工资、奖金、津贴、补助、办公费、编录用品费等)和属于编辑部门支出而不能进入单一出版物品种成本的审稿费、编选费、绘图费、装帧设计费、编辑加工费等。

间接成本一般在计算期末(月末或者季度末)以当期完工产品的总印张数或者总定价、总的初版字数、总盒数、总印数等基数进行分摊。

分摊时,可以将其中一个数据作为依据,也可以同时组合多种数据作为依据。但是需要注意:分摊方法一经确定,年度内不得随意更换。

对于图书、期刊、报纸等纸质出版物,一般可以用总印张数、总定价数、总初版字数等为基数。对于音像制品、电子出版物可以用总盒数、总分钟数等做基数来分摊。

例如:某图书出版社 7 月份发生的间接成本总额为 16 万元,6 月份出书总印张为 16 万元,某书 16 个印张,该书在核算成本时分摊的间接费用可以这么计算:

每印张应分摊的间接费用 = 16 万元 /16 万印张 = 1 元 / 印张

该书应分摊的费用 = 16 印张 ×1 元 / 印张 = 16 元

3. 期间费用

期间费用是指在一定时期内所发生的不能直接归属于某个特定出版物而必须从当期收入中扣除的费用。简单地说,期间费用不是在出版物的生产过程中产生的,按照制造成本法在会计核算时一般不进入产品的生产成本中,而是作为当期损益,一次性在当期直接从收入中扣除。

期间费用包括管理费用、财务费用和营业费用。

①管理费用。出版单位经营部门为组织和管理经营活动所开支的各项费

用。例如：行政管理人员的工资、福利费、差旅费、办公费、会议费等支出。由出版单位统一承担的职工福利、劳动保护费、固定资产折旧、财产保险费、工会经费、职工教育经费、咨询费、审计费、技术开发费、坏账损失、诉讼费、税金、业务招待费等都是管理费用。

②财务费用。出版单位为筹集生产经营资金而发生的各项费用。包括贷款、发行债券支付的利息；汇兑损失；支付给金融机构手续费。

③营业费用。也称"销售费用"，是指出版单位为出版物营销和发行过程中各种活动支付的费用。包括发行部门的工资、工资性支出、办公费、发行部门的会议费、业务招待费、差旅费、固定资产折旧、宣传推广费、展览费、包装费、运杂费、仓储费、呆滞损失费等。

二、出版物成本的控制

出版物成本的控制就是对出版物的生产经营过程中影响出版物成本的各种因素加以管理。对出版物成本的控制目的是在保证出版物成本质量的前提下，降低出版物的成本，以提高出版物的经济效益。

书刊直接成本的估算办法是：以一本书为成本估算对象，将这本书的直接成本的各个部分分别估算，然后再估算总的直接成本。同时分清初版、重版和印次。杂志按每种每期分批估算。具体为：正文以印张为估算单位，封面、护封、封套、插页（指不与正文一起印刷的）分开计价估算。由于重印书刊的直接成本估算可直接参考第一次印刷时的数据，所以在此仅研究第一次印刷书刊直接成本的估算方法。

（一）直接成本的控制

出版社的管理者往往比较关注出版物的直接成本，因为这可以通过一系列的规章制度进行控制。通常一谈成本控制，大家都会先关注如何降低直接成本，然后再减少间接成本，即编录经费。2004年，财政部颁布了《新闻出版业会计核算办法》，要求新闻出版企业在执行《企业会计制度》的同时，结合执行《新闻出版业会计核算办法》。出版社应根据《新闻出版业会计核算办法》中对生产成本的定义规范会计核算。

对直接成本的控制在于选题策划和其他编辑工作的成本控制，原材料成本、委托加工制作的成本控制。

1. 选题策划和其他编辑工作的工作成本

①选择适销对路的选题，避免产品积压。

②保证原稿和编辑的加工质量，避免造成废稿损失。

③合理选择加工工艺和装帧设计，控制好生产过程的费用。

2. 原材料的成本控制

由于纸张是纸质出版物的主要成本之一，因此控制纸张成本可以很好地控制出版物的成本。控制纸张成本的途径有：

①选择合理的品种和规格。

②控制采购成本。

③加强保管，控制好仓储成本。

④设计印制工艺，减少纸张使用量。

3. 委托加工制作的成本控制

在确保质量、周期的情况下，合理选用出版物的用纸与开本尺寸，可以降低出版物的直接加工成本。

（二）间接成本和期间费用的控制

1. 间接成本和期间费用控制的一般原则

①首要原则就是把间接成本和期间费用的控制作为企业管理的一项重要内容，纳入主要领导的日常工作范围，发动所有员工参与管理，控制间接成本和期间费用。

②建立人人节约、人人算账的管理机制。通过规范制度管理和工作流程，明确各个部门、各岗位人员的责权利，避免一些费用的不正常上升。

③加强制度建设。制定各项费用标准，做到有制度可依；执行制度要严。

2. 财务部门加强监督

①变事后控制为事中、事前控制。

②加强预算管理。

③严格控制贷款。

3. 仓储物流管理成本的控制

①加强仓储管理，杜绝产品的丢失，残损和错发。

②加强物流管理，严格出入库手续，确保账实相符。

③严格报废审批。

④合理选择发货包装方式和运输工具，同时加强退货、各种残次品管理。

近几年来出版业的快速发展，带来了产业规模的增长，同时我们也面临着出版物品种数量增加、库存增加、出库码洋增加、通货量增加、编印发工作增加，而单位出版物市场占有率减少、单品种销售量减少、回款实洋减少、人均效益减少，并最终可能导致整体效益的下滑等困惑，在财务核算上的反映就是出版社期间费用的增大和利润的减少。因此需要对库存出版物存货持有成本和报废成本给予一定的重视。

库存图书从财务管理角度讲，存在着存货持有成本和滞销损失。

存货持有成本主要包括存货的资金成本、保险成本、储存成本以及合理损耗。出版物以往忽视出版物的存货持有成本，随着我国出版业的高速发展、出版社经营规模的增大，图书的存货持有成本逐渐成为一个不能忽略的成本要素。

存货的资金成本是指库存商品占用了可以用于其他投资的资金，这种资金不管是出版社内部筹集还是外部筹集，比如从银行贷款等，对于出版社而言，都因为保持库存而丧失了其他投资的机会。资金成本是持有成本的主要部分。对资金成本的计算，有按资金的机会成本计算的，也有按照利息成本计算的。按照利息成本计算可以简化一些。例如，出版社每年库存图书的利息成本，按照产值成本率28%，银行贷款年利息5.31%匡算，以目前来说，全国每年存货的资金成本需要8亿元左右，相当于国内大型出版社一年的营业收入。此外，存货同还需要支付存货保险成本、储存成本（如仓储费等）、合理损耗成本。这里的合理损耗成本主要有运输途中的损耗、库房日常管理过程中的损耗，以及自然灾害所造成的损失。目前出版社存货持有成本一般为生产成本的12%左右，码洋的3.5%左右；仅此一项全国一年要支付19亿元。

滞销损失是指出版物因为社会环境的变化、图书内容的时效性、选题不受消费者欢迎等原因而导致销售速度极慢或销售量为零，造成产品报废所带来的经济损失。鉴于出版物滞销损失的特点，在《新闻出版业会计核算办法》中规定了出版社可根据出版物的特点，对库存图书等的呆滞损失实行分年核价、提取提成差价。纸质图书的提成差价计提标准。分三年提取，当年出版的不提。前一年出版的，按年末库存定价的提取10%~20%。前两年出版的，按年末库存图书总定价提取20%~30%。前三年及三年以上的，按年末库存图书总定价提取30%~40%。

出版社降低库存、减少报废，首先要转变观念，深化改革。把握住新形势下出版行业健康繁荣发展的基本规律，即提高出版物的质量与效益，走内涵式发展的道路。努力克服出版物不重内容、缺乏创新，选题重复，跟风出版，装帧过度奢华、浪费资源等不良倾向，严格选题申报，使社会效益和经济效益都得到有效的提高。

出版社要在内部管理改革上加大力度，全面推行企业化管理体制，建立符合出版社发展规律的绩效考核体系，突出业绩考核导向作用，通过管理会计理论的宣传和技术的应用，科学、公平的业绩考核体系的不断完善，为出版社企业化管理打下基础。

实行精细化管理，改变粗放的经营方式。出版社 ERP 管理系统的推广应用，在技术层面为出版社实行精细化管理奠定了基础。通过流程控制，规范出版社管理，降低成本。利用本量利数学模型，确定合理的出版物定价和印数。利用国家和地方公开的数据资源、各种信息咨询机构了解市场，细分了读者对象。

科学划分策划编辑与营销人员在印数确定上的责任。新书印数应以策划编辑为主、市场营销人员为辅的印数确定法操作。重印书应以市场营销人员为主、策划编辑为辅的印数确定法操作。图书改版，需要两者共同协商，确定最好的改版时机，以保证库存图书能够在完全销售的同时改版后及时切入市场。

科学利用 ABC 分类法加强对库存图书的管理，针对不同的库存分类采取不同的营销策略，加大对库存滞销产品的推销力度，同时优化生产策略，对库存图书存量更加合理。

由于在出版企业的日常工作中，进行成本估算的次数较为频繁，在估算时如果每次都按照公式去计算将给工作带来很多不便，无形中加大了编辑和出版人员的工作量。因此根据不同费用的估算公式将估算方法电子化，通过相关软件设计相应估算表格，只需将对应的条件数据填写到表格中就可以得到想要的估算数据，以此提高估算效率。

出版社工作人员可通过计算得出的数据综合考虑，如何调整书刊的各部分费用，以达到最佳的材料利用和取得最佳效益。估算表格给出版工作带来了很大的帮助，大大提高了出版的效率，实践证明电子化估算对于出版工作切实可行，并具有较强的实际应用意义。

对于书刊出版社来说，搞好成本管理，主要是做好以下几点工作：

（1）根据原新闻出版总署制定的《出版物成本核算办法》正确及时地核算书刊产品成本，分析各类书刊成本的静态结构和动态趋向，提出增加收入、降低成本的有效措施。

（2）定期编制成本计划，参与重点书刊和短版书刊的成本预测，做出盈亏分析和计算保本点印数。

（3）对稿费、纸张消耗和印刷费的结算进行认真的复核和检查，堵塞漏洞，防止浪费。

（4）利用成本分析资料，配合编辑出版部门，认真贯彻"适用、美观、经济"的装帧设计原则，努力做到社会效果与经济效益的统一。

相信这些成本工作在当今出版社的成本管理中仍占有相当重要的地位，应当说这些成本工作是适应当时出版社所面临的环境，为当时出版社任务的完成起了重要作用，有些成本管理工作在当前仍然具有一定的借鉴作用。但是，当前出版企业所面临的环境发生了根本性转变，最重要的一点就是出版产业化，这是一个不可逆转的趋势。在市场竞争环境下的出版企业，出版经营流程发生了转变，成本产生源与传统企业的成本产生源有很大的不同，成本产生源复杂多变，因而成本管理的内容也更加复杂，有必要对出版企业成本管理体系进行重构。

第五节 本量利分析

实 训 内 容

1. 了解出版物本量利的特点与作用；

2. 熟悉本量利分析的原则；

3. 掌握本量利分析的方法。

实 训 任 务

对出版一本书所投入的费用从固定成本、变动成本的角度进行分类，根据预计的发行量进行量本类分析。

这里"本"指的是成本，"量"指的是销售量，"利"指的是利润。本量利分析就是利用成本费用、销售数量、利润三者之间的变量关系的内在规律性，对出版物进行经济效益测算的财务分析方法。

一、本量利分析的原则、特点和作用

（一）成本费用、销售数量、利润之间的内在关系

利润 =[（出版物定价 × 发行折扣率）÷（1+ 增值税税率）– 单位成本费用 – 单位销售税金]× 销售数量

（二）本量利分析的五个原则

①出版物的成本费用必须划分为：变动成本和固定成本，本量利分析是建立在变动成本法基础上的。

②需要假设计划生产的产品可以全部实现销售，即：假设生产量等同于销售量。

③可以假设一些变量的值。在计算本量利关系的公式中有很多变量，要想得知其中一个变量的值，我们必须先确定其他的值，这样才可以测算我们

期待的值。

④固定成本总额和单位变动成本的不变，只是一定范围内的，在这个范围内，销售成本和成本费用总额可以直线描述。

⑤将销售数量视为影响成本的唯一因素。

（三）本量利分析的特点

①本量利的分析和计算必须以许多假设为条件。

②分析结果与实际情况不能完全吻合，存在差距。

③具有较大的动态性。

（四）本量利分析的作用

本量利分析可以帮助我们预测出版物的保本发行量，也就是保本点。本量利分析可以测算目标利润。根据目标利润确定出版物定价和销售收入。有助于制定各种指标定额和考核标准。作为经营决策、收支平衡控制和投入产出能力分析的依据。

二、变动成本与固定成本

在本量利分析中，我们依据成本的特性，把出版物成本划分为变动成本与固定成本。划分变动成本与固定成本的标准就是看成本总额是不是随出版物生产数量的变动而变动。

凡成本金额随着产品数量增加或减少而同时增加或者减少的成本，称为变动成本。凡是成本金额不受产品数量影响的成本，称为固定成本。

（一）变动成本与固定成本的特性

变动成本与固定成本的特性是指成本和产品数量之间的关系。

1. 变动成本的特性

变动成本的特性，是它的总额随该种出版物生产量的增加或减少而相应地增加或减少，并且在一定范围内呈正比例变化。它包括版税及印数稿酬、租型费用、原材料和辅助材料费用、印装（制作）费用等。

2. 固定成本的特性

固定成本的特性是它的总额在一定时期、一定范围内不受该种出版物生产量变动的影响。

在间接成本和期间费用中，有些费用属性较明确，而有些费用既不属于变动成本，也不能归于固定成本，具有半变动、半固定的性质。

3. 单位变动成本及其特性

单位变动成本指的是每一单位出版物中包含的变动成本。变动成本的特性是单位变动成本不随生产量的变化。

单位变动成本 = 变动成本总额 ÷ 生产数量

4. 单位固定成本及其特性

单位固定成本指的是每一单位出版物中包含的固定成本。单位固定成本的特性是单位固定成本随着生产量的变化呈反方向变化。

单位固定成本 = 固定成本总额 ÷ 生产数量

（二）变动成本项目

变动成本的项目主要有4个：版税与印数稿酬、租型费用、原辅材料费用、印装（制作）费用。

①版税与印数稿酬。在稿酬支付方式中，版税和印数稿酬是随着出版物发行数为依据定期结算的。

②租型费用。租型费用一般是按出版物发行码洋的一定比例向出租单位支付租型费用的，是随着出版物的数量的增减而变化的。

③原辅材料费用。原辅材料是构成出版物的物质载体，其费用的数量和出版物的数量密切相关的。

④印装（制作）费用。印装（制作）费用是指出版单位支付给加工企业的加工费，是随生产量的变化而增减的。

（三）固定成本项目

固定成本项目有稿费、制作费、其他直接费用。

1. 相对固定的稿酬

例如基本稿酬和一次性稿酬。在稿酬支付方式中，一次性稿酬、基本稿酬＋印数稿酬中的基本稿酬是不随出版物生产数量而变化的，是相对固定的部分。

2. 制作费用

对于图书、杂志等纸介质出版物来讲，制版费和出版物的字数、开本、页数相关，与出版物的生产数量无关，是相对固定的。对于音像和电子出版物等，制作费用分为费、摄制费、编程费、母带母盘的制作费。它也是与出版物的生产数量无关的，也是相对固定的。

3. 其他直接费用

一般包括审稿费、编辑加工费等，这些费用属于相对固定的成本支出。

（四）间接成本和期间费用

间接成本和期间费用也是出版物成本的组成部分，对于属性比较明确的成本，直接归结到相应的成本中。但是在间接成本和期间费用中，有些成本费用既不属于固定成本，也不属于变动成本，具有半变动、半固定性质。

对于半变动、半固定费用，一般要将其分解后，再根据一定方法计入分摊到出版物的变动成本当中。根据具体的情况，分别采取"销售收入（或定价）比例法"和"单位产量消耗定额法"进行分解：

1. 销售收入比例法

也称定价比例法。根据一定期间的销售收入（或出版物定价）总额及那些半变动、半固定成本总额，然后计算半变动、半固定成本总额占销售收入的比例，再依据具体出版物的销售收入额进行分摊。

例：某出版社 7 月份的销售收入总额为 100 万元，间接成本、期间费用中半变动、半固定成本发生额 10 万元，7 月份某图书的销售额为 1 万元，求该书应分摊半变动、半固定成本的数额。

半变动、半固定成本占销售收入总额的比例 = 10÷100 = 0.1

应分摊数额 =10000 元该书销售收入 ×0.1 = 1000 元

2. 单位产量消耗定额法

出版社根据历史资料测算出某一期间半变动、半固定成本费用与生产量之间的比例系数，即单位产量消耗定额，再根据具体出版物的估计产量，计算出该出版物应分摊的半变动、半固定成本计入变动成本中。

（五）出版损失的性质

出版损失是为了分析和评价生产管理状况和主要失误原因而设置的成本项目，其中含有固定成本、变动成本项目，分析时根据成本内容进行具体分析。

三、本量利分析的基本公式及其应用

（一）本量利分析涉及的基本概念

1. 定价

出版单位给出版物核定的零售价格。

2. 发行折扣

出版单位批销出版物时实际收取的货款占定价的比例，通常用百分比来表示。例如出版物定价为 50 元，以 34 元批销，批销价 34 元占定价 50 元的68%，发行折扣为68%，习惯上称为68折。

3. 销售数量

指某一品种的出版物已实现销售的全部数量。

4. 单位销售收入

指每单位出版物销售后获得的不含税的收入。

单位销售收入＝定价 × 发行折扣率 ÷（1＋增值税率）

例如：某图书定价为35元，发行折扣68%，销项增值税为13%，则该图书的单位销售收入为：

该图书的单位销售收入 = 35元 ×68% ÷（1＋13%）= 21.07元。

5. 销售收入总额

某一品种出版物实现销售收入后获得的不含增值税的收入。

销售收入总额＝单位销售收入 × 销售数量

例如：某图书单位销售收入为21.07元，在7月份共销售了2000本，则该期这个图书品种的销售收入为：

本图书的销售收入总额 = 21.07元 ×2000 = 42140元。

6. 单位销售税金

指每一单位出版物实现销售后，实际交纳的增值税。

单位销售税金 =[定价 × 发行折扣率 ÷（1＋增值税率）× 销项增值税率 – 进项增值税总额 ÷ 销售数量]×[城市维护建设税 + 教育附加税]

例：某图定价为35元，发行折扣为68%，销项增值税税率为13%，该书共销售了2000本，该本书进项税总额为3500元，城市维护建设为7%，教育费附加3%，那么，该图书的单位销售税金按公式可得：

单位销售税金 = [35元 ×68% ÷（1＋13%）×13% – 3500÷2000]×（7% + 3%）= 0.099元。

7. 销售税金总额

指实现某一品种出版物销售后，以实际缴纳的增值税额为基数缴纳的城市维护建设费和教育费附加的总额。

销售税金总额＝单位销售税金 × 销售数量

8. 变动成本总额

指为生产某一出版物品种而支付的所有变动成本，包括版税（印数稿酬）、租型费用、原辅材料、印装（制作）费用，以及间接成本和期间费用中应该计入变动成本的费用。

9. 单位变动成本

每一单位出版物的变动成本数额。

单位变动成本＝变动成本总额 ÷ 销售数量

10. 固定成本总额

这里指为生产某一出版物品种而支付的所有固定成本。包括基本稿酬、制版费用、其他直接费用和期间费用中应该计入固定成本的费用。

11. 单位固定成本

是指每一单位出版物分摊的固定成本。

单位固定成本＝固定成本总额 ÷ 销售数量

（二）本量利分析的基本公式

本量利分析是以保本分析为基础的。所谓保本分析就是测算出版物的销售数量达到多少时，出版物的销售收入可以和出版物的成本和税金相抵销，既不赔也不赚。这个不赔也不赚的销售量称为保本点。很显然，当销售数量大于保本点的时候，会获得利润；当销售数量小于保本点的时候，会产生亏损。

根据出版物收入、成本、利润之间的关系可知：

利润＝[出版物定价 × 发行折扣率 ÷（1＋增值税率）－单位成本费用－单位销售税金]× 销售数量

由于[出版物定价 × 发行折扣率 ÷（1＋增值税率）]为单位销售收入，则

利润＝（单位销售收入－单位成本费用－单位销售税金）× 销售数量

也就是：

利润＝单位销售收入 × 销售数量－单位成本费用 × 销售数量－单位销售税金 × 销售数量

又由于

单位成本费用＝单位变动成本－单位固定成本

因此

利润＝（单位销售收入－单位变动成本－单位销售税金）× 销售数量－单位固定成本 × 销售数量

又已知：

单位固定成本 × 销售数量＝固定成本总额

所以

利润＝（单位销售收入－单位销售税金－单位变动成本）× 销售数量－固定成本总额

这个公式就是本量利的基本公式。在这个公式中有利润、单位销售收入、单位销售税金、单位变动成本、销售数量、固定成本总额共6个变量，只要知道其中5个变量的值，就可以推算出预测结果。

（三）保本销量的计算

保本销量即利润等于0时的销售数量，也就是保本印数。所谓保本销量的计算，就是测算利润为"0"的情况下的销售数量。

（单位销售收入－单位销售税金－单位变动成本）× 销售数量－固定成本总额＝0

也就是：

保本销量＝固定成本总额÷（单位销售收入－单位销售税金－单位变动成本）

例如：某出版社出版的图书，图书单位销售收入为12元，单位销售税金为0.156元，单位变动成本为3.844元，固定成本总额为8000元，则该书的保本销量为：

保本销量＝8000÷（12－0.156－3.844）＝8000÷8＝1000（册）

（四）保利分析

保利分析是围绕利润进行的分析，有两种情况，一是已知销售数量测算目标利润，一是已知目标利润测算销售数量。

1. 目标利润的测算

在已知出版物销售数量的情况下测算目标利润。

利用基本公式，将销售收入、单位销售税金、单位变动成本、销售数量、固定成本总额数据代入，得到利润值。

利润＝（单位销售收入－单位销售税金－单位变动成本）×销售数量－固定成本总额

例如：某出版社的图书单位销售收入为12元，单位销售税金为0.156元，单位变动成本为3.844元，固定成本总额为8000元，如果该书的销售量为2000册，则可实现利润为

利润＝（12－0.156－3.844）×2000－8000＝8000（元）

2. 目标销售量的测算

在目标利润已经确定的情况下，测算需要销售多少图书才可以保证能实现目标利润。

利用本量利基本公式，可以推导出销售数量计算公式：

销售数量＝（利润＋固定成本总额）÷（单位销售收入－单位销售税金－

单位变动成本）

例如：某出版社的图书单位销售收入为12元，单位销售税金为0.156元，单位变动成本为3.844元，固定成本总额为8000元，如果对该书的利润期望为20000元，则该书的销售数量为：

销售数量＝（8000＋20000）÷（12－0.156－3.844）＝3500（册）

（五）目标成本的测算

所谓目标成本的测算就是对出版物的成本支出情况进行测算，以便控制。

目标成本分析有3种情况：

1. 预测保本成本

在已知销售生产数量、单位销售收入、单位销售税金等情况下，可以测算图书不亏本时的总成本。若想使图书不亏本，就是销售收入减去税金，其金额正好和我们投入的成本总额相等，这个情况下利润为0。所以测算时，把利润等于0代入本量利公式，就可以得到：

单位变动成本 × 销售数量利润＋固定成本总额＝（单位销售收入－单位销售税金）× 销售数量

公式左边的"单位变动成本 × 销售数量利润＋固定成本总额"就是出版物在利润等于0时的总成本，这个成本称为保本成本。又由于在本量利分析的基本假设中"销售数量＝生产数量"，所以上述公式可以演变为：

保本成本＝（单位销售收入－单位销售税金）× 生产数量

例如：某图书预计生产10000册，单位销售收入为15元，单位税金0.19元，则该书的保本成本为：

保本成本＝（15－0.19）×10000＝148100（元）

2. 预测单位变动成本

在已知单位销售收入、单位销售税金、目标利润、固定成本总额、生产数量的前提下，单位变动成本可以从利润公式推导出：

单位变动成本＝单位销售收入－单位销售税金－（固定成本总额＋利润）÷销售数量

例如：某图书预计生产10000册，单位销售收入为15元，单位税金0.19元，固定成本总额为8000元，目标利润为10000元，则该图书的单位变动成本为：

单位变动成本＝15－0.19－（8000＋10000）÷10000＝13.01（元）

3. 测算固定成本总额

在已知单位销售收入、单位销售税金、目标利润、单位变动成本、生产数量的前提下，固定成本可以从利润公式推导出：

固定成本总额＝（单位销售收入－单位销售税金－单位变动成本）×销售数量－利润

例如：某图书单位变动成本为8.578元，生产数量为4000册，目标利润为10000元，单位销售收入为15元，单位税金0.19元，则该图书的固定成本总额为：

固定成本总额＝（15－0.19－8.578）×4000－10000＝14928（元）

（六）对印张进行的成本测算

在纸介质出版物中，印张是最小的单位，同时也具有可比性，所以按印张测算成本在纸介质出版物中被广泛应用。利用本量利公式可以对印张的成本进行测算：

每印张的成本＝每印张的变动成本＋每印张的固定成本

利用本量利公式及其原理，还可以测算出：

每印张的变动成本＝单位变动成本÷每本图书印张

每印张的固定成本＝每种书刊的固定成本总额÷（每册印张数×印数）

【图书印制成本预算案例】

案例一

某出版社出版一部《西方经济学》的图书，此书约40万字，正度16开，刊印10000册，按每千字50元的标准支付给作者稿酬。正文部分20个印张，用787mm×1092mm胶版纸，定量为70g/m²，单色印刷，此种胶版纸的价格为每吨6000元，印刷费用为每色令10元，纸张的加放率每块印版为0.5%；彩色插图有16面，用787mm×1092mm的铜版纸，定量为120/m²g，四色印刷，铜版纸的价格为每吨8000元，印刷费用每色令为15元，纸张的加放率每块印版为0.5%；正文和彩色插图及封面均用对开印刷机印刷，每块印版的上版费用为60元；装订的纸张加放率每块印版为0.5%，装订费用每印张0.04元；此书为平装，封面用200g/m²的787mm×1092mm铜版纸，单面印刷，每吨纸张价格为10000元，每张对开纸出3个封面，彩色印刷，印刷费用为每色令20元，纸张的加放率为0.5%。

要求：

1. 请计算应支付给作者的稿酬是多少？分摊到每本书是多少？

2. 请计算正文用纸量是多少令？费用是多少？

3. 请计算彩色插页用多少令纸？费用是多少？

4. 请计算封面用多少令纸？费用是多少？

5. 总的纸张费用是多少？

6. 印刷费用是多少？

7. 装订费用是多少？

8. 在给定的条件下，每本书的直接成本是多少？

参考答案

1. 应支付给作者的稿酬：千字稿酬标准×千字数量＝50元／千字×400千字＝20000元；每本书分摊：20000元÷10000册＝2元／册。

2. 正文用纸量：印张数×刊印册数÷1000×（1＋印刷加放率×2＋装

订加放率）

= 20 印张 ×10000 册 ÷1000× （1 ＋ 0.5%×2 ＋ 0.5%）= 203 令

正文纸张费用 = 6000 元／吨 ÷〔（1000×1000g÷（0.787×1.092×70）〕×500×203 ≈ 36637.44 元

3. 彩色插页纸张用量：彩色插页面数 ÷ 开本 × 刊印册数 ÷1000× （1 ＋ 印刷加放率×8 ＋ 装订加放率）

= 16 面 ÷16 开 ×10000÷1000× （1 ＋ 0.5%×8 ＋ 0.5%）= 10.45 令

彩色插页纸张费用 = 8000 元／吨 ÷〔（1000×1000g÷（0.787×1.092×120）〕×500×10.45 ≈ 4310.77 元

4. 封面用纸量：刊印册数 ÷ 对开纸出封面个数 ÷1000（1 ＋ 印刷加放率 ×4 ＋ 装订加放率）

= 10000 册 ÷3÷1000× （1 ＋ 0.5%×4 ＋ 0.5%）≈ 3.42 令

封面纸张费用 = 10000 元／吨 ÷〔（1000×1000g÷（0.787×1.092×200）〕×500×3.42 ≈ 2933.53 元

5. 总的纸张费用：正文＋彩色插页＋封面 = 36637.44 ＋ 4310.77 ＋ 2933.53 = 41881.74 元

6. 印刷费：正文印刷费＋彩色插页印刷费＋封面印刷费用

①正文印刷费：20 印张 ×2×60 ＋ 10 元／色令× （20 印张 ×10000 册 ÷1000） ×2 = 6400 元

②彩色插页印刷费：16 面 ÷16 开 ×10000÷1000× = 10 令

16 面 ÷16 开 ×8×60 ＋ 15×10×8 = 1680 元

③封面印刷费用：10000÷6÷500 ≈ 3.33 令

4×60 ＋ 20×3.33×4 = 506.40 元

印刷费：6400 元＋ 1680 元＋ 506.4 元＝ 8586.40 元

7. 装订费：（20 印张＋ 16 面 ÷16 开）×0.04 元／印张 ×10000 = 8400 元

8. 每本书的直接成本：（稿酬＋纸张费＋印刷费＋装订费）÷ 刊印册数

= （20000 ＋ 41881.74 ＋ 8586.40 ＋ 8400）÷10000 ≈ 7.12 元／册

案例二

安妮宝贝《告别薇安》的成本核算

图书基本信息

《告别薇安》是安妮宝贝的代表作之一，该书由北京出版社出版集团下属的北京十月文艺出版社出版，全书共190千字，共8.75个印张（按9个印张计算），正度32开，封面为200g/m² 铜版纸，内文为70g/m² 胶版纸，印数按10000册计算，设定70g/m² 胶版纸的价格为5000元一吨，200g铜版纸的市场价格为7000元/吨，核算一下该书的成本。

纸张材料费

（1）正文用纸量＝印张×册数÷每令纸数量＝9×10000÷500＝180（令）

（2）封面用纸量＝册数÷开本÷每令纸数量＝10000÷32÷500＝0.625（令）

以规格787mm×1092mm 的纸张为例，则70g/m² 胶版纸每吨纸的令数＝1000/(0.787×1.092×70/1000×500)＝33.246(令)，200g/m² 铜版纸每吨纸的令数＝1000÷(0.787×1.092×200÷1000×500)＝11.636(令)

则所需的纸张材料费＝180÷33.246×5000＋0.625÷11.626×7000＝27071＋376＝27447(元)

印前制作费

（1）正文排版费＝（开本×印张－空白页）×排版单价＝（32×9－4）×8＝2272(元)

（2）正文出片费＝（开本×印张－空白页）×出片单价＝（32×9－4）×5＝1420(元)

（3）平装封面设计及出片打样费＝（32开封面设计＋出片打样）＝（900＋150）＝1050(元)

则印前制作总费用为＝2272＋1420＋1050＝4742(元)

印刷加工费

(1) 正文拼版晒版费＝（晒版单价＋32开拼版价）×印张×正背两面＝（60＋15）×9×2＝1350(元)

(2) 正文印刷费＝印张×正背印色×单印张纸令数×黑白印刷单价＝30×2×9×11＝4950(元)

(3) 平装封面拼晒版费＝晒版单价×（三拼晒加25%）×印刷色数＝60×（1+25%）×4＝300(元)

(4) 平装封面印刷费＝色令单价×正背印色×印数＝10×4×5＝200(元)

则印刷加工总费用＝1350＋4950＋300＋200＝6800(元)

装订成本费

(1) 平装书胶订费＝加工纸令数×胶订单价×印张＝10000÷1000×36×10＝3600(元)

(2) 平装封面折前口费＝平装册数合计×折覆膜封面勒口千册价÷千册＝10000×60÷1000＝600(元)

(3) 平装书粘前单环衬＝平装册数×贴单环衬千册价÷千册＝10000×15÷1000＝150元

装订成本费用总数＝3600＋600＋150＝4350(元)

则该书的总成本费用＝纸张材料费＋印前制作费＋印刷加工费＋装订成本费＝27447＋4742＋6800＋4350＝43339(元)

案例三

此书出版页信息如下：已知印张为16，开本为16开710mm×1000mm，印数为20000册。正文用70g胶版纸印刷，价格为5500元/吨，封面用200g/m² 铜版纸印刷，价格为10000元/吨。CTP正文制版费设定为70元，封面为100元，加放率为1.2%，印刷费用为：单色11元每色令，四色13元/色令。封面对开可开3张。装订方式采用平装胶订，价格为26元/令。打包费用为0.25元/包，10册书1包，覆膜费为0.08元/册。

用纸量计算

（1）正文用纸量

正文用纸量＝千印数×印张＝20×16＝320（令）

实际需用纸＝320令×（1+加放率）＝320×1.012＝323.84（令）

共需胶版纸＝323.84令×500张/令＝161920张

令重＝定量×规格×500÷1000＝70g/m²×0.71×500÷1000＝24.85(kg)

吨令数＝1000÷令重＝40.241

令价＝5500÷40.241＝136.677（元/令）

正文用纸价格＝令数×令价＝136.677元/令×323.84令＝44261.48（元）

（2）封面用纸量

封面用纸量＝印数÷（封面开数×500）＝6.667（令）

实际需用纸＝6.667令×（1+加放率）＝6.667令×1.012＝6.747（令）

共需铜版纸＝6.747×500＝3374张

封面令重＝刊印数÷（对开张数）÷1000×（1+加放率）＝20000÷3÷1000×1.012＝6.747kg

吨令数＝1000÷令重＝148.214

令价＝10000÷吨令数＝10000÷148.214＝67.47（元/令）

封面用纸价＝令数×令价＝6.747令×67.47元/令＝455.22（元）

(3) 总用纸量

总用纸令数＝正文用纸令数＋封面用纸令数＝323.84＋6.747＝330.587（令）

总用纸张数＝正文用纸张数＋封面用纸张数＝161920＋3374＝165294（张）

总用纸价格＝正文用纸价格＋封面用纸价格＝44261.48＋455.22＝44716.7（元）

制版费用

正文CTP直接制版费用＝每印张制版费用×印张×2＝70×16×2＝2240（元）

封面CTP直接制版费用＝每印张制版费用×色数＝100×4＝400（元）

总制版费用＝正文CTP直接制版费用＋封面CTP直接制版费用＝2240＋400＝2640（元）

印刷费用

正文印刷费用＝每色令价格×令数×2＝11×320×2＝7040（元）

实际正文印刷费用＝正文印刷费用×（1＋加放率×2）＝7040元×（1＋0.012×2）＝7208.96（元）

封面印刷费用＝四色每令印刷价格×色数×令数＝13×6.667×4＝346.684（元）

实际封面印刷费用＝封面印刷费用×（1＋加放率×4）＝346.684×（1＋0.012×4）＝363.325（元）

实际需印刷费＝实际正文印刷费用＋实际封面印刷费用＝7208.96＋363.325＝7572.285（元）

装订费用

胶装费用＝每令装订价格×总用纸令数＝26元/令×（320令＋6.667令）＝8493.342元

打包费＝包数×包装单价＝20000册÷10×0.25元/包＝500元

覆膜费＝册数×覆膜单价＝20000册×0.08元/册＝1600元

总装订费用＝胶装费用＋打包费＋覆膜费＝8493.342元＋500元＋1600元＝10593.342元

实际需装订费用＝总装订费用×（1＋加放率）＝10593.342元×1.012＝10720.462元

附录一 印刷专业术语

1. 出血位

出血位是指按工艺要求页面的颜色或图片,须超出裁切线 3~5mm,称为出血。通常对于说明书或咭纸类产品,其出血位为 3mm。对于裱粗坑类产品,其出血位加至 5mm。

2. 角线

角线是指用来印刷套位或裁切部位的线条。通常采取 ═╢ 此种样式,而不采用 ╝ 样式,避免在制作说明书因折页走位而造成角线不能完全被切掉。

3. 十字线

十字线是印刷用来套印的线条,通常的样式为 ┤。

4. 牙口（叼口）

牙口是指纸张印刷时印刷机咬牙所咬住的部位,通常的牙口位为白色,其大小为 8~12mm。

5. 规矩

单张纸胶印机的纸张定位部件。

6. 前规

使纸张在牙口边缘准确定位的挡纸部件。

7. 侧规（拉规）

使纸张侧边缘准确定位的部件,分为对面规和操作规两种。

8. 拉规线

印刷时为了便于后工序清楚印张是采用何种侧规印刷而作的标识,通常

233

在PS版上划线,确保纸张经印刷后,拉规线刚好位于纸张被侧规定位的地方。

9. 飞达

飞达是印刷机输纸的传送装置。

10. 针位

印张印刷时的定位边位。纸张有长短,印刷套色及裁切需有针位来对齐。

11. 对面针

对面针是指印刷时纸张是采用对面侧规来进行定位的,所印的印张即为对面针印刷。

12. 挨身针

挨身针是指印刷时纸张是采用操作规来进行定位的,所印的印张即为挨身针印刷。

13. 套印不准

在套色印刷过程中,印迹重叠的误差。

14. 飘口

飘口是指封壳大出书芯的部分,通常宽度为3mm。

15. 重影

在印刷品上同一色网点线条或文字出现的双重轮廓。

16. 双刀位

在多模拼版时,两模产品相临最近的距离为6mm。如有特殊情况工程必须知会版房,并进行跟进。

17. 密度

物体吸收光线的特性量度，即入射光量与反射光量或透射光量之比，用透射率或反射率倒数的十进对数表示（ｌｇ１/β）。

18. 反射稿

指不能透光的原稿。

19. 透射稿

指能透光的原稿如底片、反转片。

20. 阴图

通过照相、电分或激光照排机制作的图片，图片上的明暗阶调与原稿的明暗阶调完全相反。

21. 阳图

通过照相、电分或激光照排机制作的图片，图片上的明暗阶调与原稿的明暗阶调一致。

22. 爆肥

手工晒版在感光片加隔透明厚胶片来曝光加肥。

23. 实地

指没有网点的色块面积，通常指满版。

24. 飞边

飞，裁切、去掉之意。飞边指切除出血边位，乃装订术语。

25. 过底

印刷事故的术语。指墨层太厚来不及干燥，污染了压在上面的纸张背面。

26. 炮

滚筒的俗称。

27. 车头

车头是指印刷转速数。

28. 开本

把一张全开纸裁切成面积相等的若干小张，叫多少开数装订成本，即为多少开本。

29. 色令

平版印刷计量单位。以对开纸 1000 张印一色为一色令。

30. 透印

印在纸张上的图文由背面可见。

31. 正反版印刷

印刷时纸张的两面均印刷，并且其印刷的内容不同。

32. 自反版印刷

印刷时两面的印刷内容完全相同，同时又分为左右自反和天地自反两种。

33. 左右自反版

左右自反版是指印刷时先印正面，印反面时不用换版，印张的牙口位同正面一样。

34. 天地自反版

天地自反版是指印完正面后，印反面时是以原印张的版尾为印反面时牙口位。

35. 封面（又称封一、前封面、封皮、书面）

封面印有书名、作者、译者姓名和出版社的名称。封面起着美化书刊和保护书芯的作用。

36. 封二（又称封里）

是指封面的背页。封里一般是空白的，但在期刊中常用它来印目录，或有关的图片。

37. 封三（又称封底里三）

封三是指封底的里面一页。封底里一般为空白页，但期刊中常用它来印正文或其他正文以外的文字、图片。

38. 封四（又称封底、底封）

图书在封底的右下方印统一书号和定价，期刊在封底印版权页，或用来印目录及其他非正文部分的文字、图片。

39. 书脊（又称封脊）

书脊是指连接封面和封底的书脊部。书脊上一般印有书名、册次(卷、集、册)、作者、译者姓名和出版社名，以便于查找。

40. 扉页（又称里封面或副封面）

扉页是指在书籍封面或衬页之后、正文之前的一页。扉页上一般印有书名、作者或译者姓名、出版社和出版的年月等。扉页也起装饰作用，增加书籍的美观。

41. 插页

插页是指凡版面超过开本范围的、单独印刷插装在书刊内、印有图或表的单页。有时也指版面不超过开本，纸张与开本尺寸相同，但用不同于正文的纸张或颜色印刷的书页。

42. 版心

版心是指每面书页上的文字部分,包括章、节标题、正文以及图、表、公式等。

43. 天头

天头是指每面书页的上端空白处。

44. 地脚

地脚是指每面书页的下端空白处。

附录二 排版专业术语

1. 书冠
书冠是指封面上方印书名文字的部分。

2. 书脚
书脚是指封面下方印出版单位名称的部分。

3. 插页
插页是指凡版面超过开本范围的、单独印刷插装在书刊内、印有图或表的单页。有时也指版面不超过开本，纸张与开本尺寸相同，但用不同于正文的纸张或颜色印刷的书页。

4. 篇章页（又称中扉页或隔页）
篇章页是指在正文各篇、章起始前排的，印有篇、编或章名称的一面单页。篇章页只能利用单码、双码留空白。篇章页插在双码之后，一般作暗码计算或不计页码。篇章页有时用带色的纸印刷来显示区别。

5. 目录
目录是书刊中章、节标题的记录，起到主题索引的作用，便于读者查找。目录一般放在书刊正文之前（期刊中因印张所限，常将目录放在封二、封三或封四上）。

6. 版权页
版权页是指版本的记录页。版权页中，按有关规定记录有书名、作者或译者姓名、出版社、发行者、印刷者、版次、印次、印数、开本、印张、字数、出版年月、定价、书号等项目。图书版权页一般印在扉页背页的下端。版权页主要供读者了解图书的出版情况，常附印于书刊的正文前后。

7. 索引

索引分为主题索引、内容索引、名词索引、学名索引、人名索引等多种。索引属于正文以外部分的文字记载，一般用较小字号双栏排于正文之后。索引中标有页码以便于读者查找。在科技书中索引作用十分重要，它能使读者迅速找到需要查找的资料。

8. 版式

版式是指书刊正文部分的全部格式，包括正文和标题的字体、字号、版心大小、通栏、双栏、每页的行数、每行字数、行距及表格、图片的排版位置等。

9. 版心

版心是指每面书页上的文字部分，包括章、节标题、正文以及图、表、公式等。

10. 版口

版口是指版心左右上下的极限，在某种意义上即指版心。严格地说，版心是以版面的面积来计算范围的，版口则以左右上下的周边来计算范围。

11. 超版口

超版口是指超过左右或上下版口极限的版面。当一个图或一个表的左右或上下超过了版口，则称为超版口图或超版口表。

12. 直（竖）排本

是指翻口在左，订口在右，文字从上至下，字行由右至左排印的版本，一般用于古书。

13. 横排本

就是翻口在右，订口在左，文字从左至右，字行由上至下排印的版本。

14. 刊头

刊头又称"题头""头花",用于表示文章或版别的性质,也是一种点缀性的装饰。刊头一般排在报刊、杂志、诗歌、散文的大标题的上边或左上角。

15. 破栏

破栏又称跨栏。报纸杂志大多是用分栏排的,这种在一栏之内排不下的图或表延伸到另一栏去而占多栏的排法称为破栏排。

16. 暗页码

又称暗码,是指不排页码而又占页码的书页。一般用于超版心的插图、插表、空白页或隔页等。

17. 页

页与张的意义相同,一页即两面(书页正、反两个印面)。应注意另页和另面的概念不同。

18. 另页起

另页起是指一篇文章从单码起排(如论文集)。如果第一篇文章以单页码结束,第二篇文章也要求另页起,就必须在上一篇文章的后留出一个双码的空白面,即放一个空码,每篇文章要求另页起的排法,多用于单印本印刷。

19. 另面起

另面起是指一篇文章可以从单、双码开始起排,但必须另起一面,不能与上篇文章接排。

20. 表注

表注是指表格的注解和说明。一般排在表的下方,也有的排在表框之内,表注的行长一般不要超过表的长度。

21. 图注

图注是指插图的注解和说明。一般排在图题下面，少数排在图题之上。图注的行长一般不应超过图的长度。

22. 背题

背题是指排在一面的末尾，并且其后无正文相随的标题。排印规范中禁止背题出现，当出现背题时应设法避免。解决的办法是在本页内加行、缩行或留下尾空而将标题移到下页。

附录三 纸张厚度系数表

类别	纸张名称	单张纸厚度 (mm)
超级压光胶版纸	50g/m² 1号胶版纸	0.063
	60g/m² 1号胶版纸	0.075
	70g/m² 1号胶版纸	0.088
	80g/m² 1号胶版纸	0.100
	90g/m² 1号胶版纸	0.113
	120g/m² 1号胶版纸	0.150
	150g/m² 1号胶版纸	0.188
	180g/m² 1号胶版纸	0.225
	50g/m² 2号胶版纸	0.063
	60g/m² 2号胶版纸	0.075
	70g/m² 2号胶版纸	0.088
	80g/m² 2号胶版纸	0.100
	90g/m² 2号胶版纸	0.113
	120g/m² 2号胶版纸	0.150
	150g/m² 2号胶版纸	0.188
	180g/m² 2号胶版纸	0.225
普通压光胶版纸	50g/m² 特号胶版纸	0.071
	60g/m² 特号胶版纸	0.086
	70g/m² 特号胶版纸	0.100
	80g/m² 特号胶版纸	0.114
	90g/m² 特号胶版纸	0.129
	120g/m² 特号胶版纸	0.171
	150g/m² 特号胶版纸	0.214
	180g/m² 特号胶版纸	0.257
	50g/m² 1号胶版纸	0.071
	60g/m² 1号胶版纸	0.086
	70g/m² 2号胶版纸	0.100

（续表）

普通压光胶版纸	80g/m² 2号胶版纸	0.129
	120g/m² 2号胶版纸	0.171
	150g/m² 2号胶版纸	0.214
	180g/m² 2号胶版纸	0.257
单面胶版纸	40g/m² 1号单胶纸	0.073
	50g/m² 1号单胶纸	0.091
	60g/m² 1号单胶纸	0.109
	70g/m² 1号单胶纸	0.127
	80g/m² 1号单胶纸	0.146
	40g/m² 2号单胶纸	0.080
	50g/m² 2号单胶纸	0.100
	60g/m² 2号单胶纸	0.120
	70g/m² 2号单胶纸	0.140
	80g/m² 2号单胶纸	0.160
书皮纸	80g/m² 1号书皮纸	0.114
	100g/m² 1号书皮纸	0.143
	120g/m² 1号书皮纸	0.171
	80g/m² 2号书皮纸	0.121
	100g/m² 2号书皮纸	0.152
	120g/m² 2号书皮纸	0.182
打字纸	24g/m² 特号打字纸	0.037
	26g/m² 特号打字纸	0.040
	28g/m² 特号打字纸	0.043
	30g/m² 特号打字纸	0.046
	24g/m² 1号打字纸	0.040
	26g/m² 1号打字纸	0.043
	28g/m² 1号打字纸	0.047
	30g/m² 1号打字纸	0.050
	24g/m² 2号打字纸	0.044
	26g/m² 2号打字纸	0.047

（续表）

打 字 纸	28g/m² 2号打字纸	0.051
	30g/m² 2号打字纸	0.055
画报印刷纸	70g/m² 画报纸	0.093
	80g/m² 画报纸	0.107
	90g/m² 画报纸	0.120
	100g/m² 画报纸	0.133
	120g/m² 画报纸	0.160
	140g/m² 画报纸	0.187
	150g/m² 画报纸	0.200
	180g/m² 画报纸	0.240
超级压光字典纸	25g/m² 1号字典纸	0.031
	30g/m² 1号字典纸	0.038
	35g/m² 1号字典纸	0.044
	40g/m² 1号字典纸	0.050
	25g/m² 2号字典纸	0.033
	30g/m² 2号字典纸	0.040
	35g/m² 2号字典纸	0.047
	40g/m² 2号字典纸	0.053
普通压光字典纸	25g/m² 1号字典纸	0.036
	30g/m² 1号字典纸	0.043
	35g/m² 1号字典纸	0.050
	40g/m² 1号字典纸	0.057
	25g/m² 2号字典纸	0.038
	30g/m² 2号字典纸	0.046
	35g/m² 2号字典纸	0.054
	40g/m² 2号字典纸	0.062
招贴纸	50g/m² 1号招贴纸	0.091
	60g/m² 1号招贴纸	0.109
	80g/m² 1号招贴纸	0.145
	50g/m² 2号招贴纸	0.100

（续表）

招贴纸	60g/m² 2号招贴纸	0.120
	80g/m² 2号招贴纸	0.160
薄页纸	16g/m² 1号薄页纸	0.036
	18g/m² 1号薄页纸	0.040
	16g/m² 2号薄页纸	0.040
	18g/m² 2号薄页纸	0.045
	16g/m² 特号薄页纸	0.032
	18g/m² 特号薄页纸	0.036
凹版印刷纸	70g/m² 特号凹版纸	0.078
	80g/m² 特号凹版纸	0.089
	90g/m² 特号凹版纸	0.100
	100g/m² 特号凹版纸	0.110
	120g/m² 特号凹版纸	0.133
	70g/m² 1号凹版纸	0.082
	80g/m² 1号凹版纸	0.094
	90g/m² 1号凹版纸	0.106
	100g/m² 1号凹版纸	0.118
	120g/m² 1号凹版纸	0.141
	70g/m² 2号凹版纸	0.088
	80g/m² 2号凹版纸	0.100
	90g/m² 2号凹版纸	0.113
	100g/m² 2号凹版纸	0.125
	120g/m² 2号凹版纸	0.150
白卡纸	200g/m² 1号白卡纸	0.250
	230g/m² 1号白卡纸	0.288
	250g/m² 1号白卡纸	0.313
	200g/m² 2号白卡纸	0.267
	230g/m² 2号白卡纸	0.307
	250g/m² 2号白卡纸	0.333
	200g/m² 特号白卡纸	0.235

（续表）

白卡纸	230g/m² 特号白卡纸	0.271
	250g/m² 特号白卡纸	0.294
米卡纸	170g/m² 特号米卡纸	0.283
	200g/m² 特号米卡纸	0.333
	170g/m² 1号米卡纸	0.262
	200g/m² 1号米卡纸	0.308
	170g/m² 2号米卡纸	0.262
	200g/m² 2号米卡纸	0.308
证券纸	50g/m² 1号证券纸	0.077
	60g/m² 1号证券纸	0.091
	70g/m² 1号证券纸	0.108
	80g/m² 1号证券纸	0.123
	100g/m² 1号证券纸	0.154
	120g/m² 1号证券纸	0.184
	150g/m² 1号证券纸	0.231
	50g/m² 2号证券纸	0.077
	60g/m² 2号证券纸	0.092
	70g/m² 2号证券纸	0.108
	80g/m² 2号证券纸	0.123
铜版纸（胶版涂料纸）	100g/m² 2号证券纸	0.154
	120g/m² 2号证券纸	0.184
	150g/m² 2号证券纸	0.231
	90g/m²（单双面胶）特号铜版纸	0.072
	100g/m²（单双面胶）特号铜版纸	0.080
	120g/m²（单双面胶）特号铜版纸	0.096
	150g/m²（单双面胶）特号铜版纸	0.120
	180g/m²（单双面胶）特号铜版纸	0.144
	250g/m²（单双面胶）特号铜版纸	0.200
	90g/m²（单双面胶）1号铜版纸	0.069
	100g/m²（单双面胶）1号铜版纸	0.077

（续表）

铜版纸(胶版涂料纸)	120g/m²（单双面胶）1号铜版纸	0.092
	150g/m²（单双面胶）1号铜版纸	0.115
	180g/m²（单双面胶）1号铜版纸	0.138
铜版纸(胶版涂料纸)	250g/m²（单双面胶）1号铜版纸	0.192
	90g/m²（单双面胶）2号铜版纸	0.067
	100g/m²（单双面胶）2号铜版纸	0.074
	120g/m²（单双面胶）2号铜版纸	0.089
	150g/m²（单双面胶）2号铜版纸	0.111
铜版纸(凸版涂料纸)	90g/m²（单双面胶）特号铜版纸	0.075
	100g/m²（单双面胶）特号铜版纸	0.083
	120g/m²（单双面胶）特号铜版纸	0.100
	150g/m²（单双面胶）特号铜版纸	0.125
	180g/m²（单双面胶）特号铜版纸	0.150
	250g/m²（单双面胶）特号铜版纸	0.208
	90g/m²（单双面胶）1号铜版纸	0.074
	100g/m²（单双面胶）1号铜版纸	0.082
	120g/m²（单双面胶）1号铜版纸	0.098
	150g/m²（单双面胶）1号铜版纸	0.123
	180g/m²（单双面胶）1号铜版纸	0.148
	250g/m²（单双面胶）1号铜版纸	0.205
	90g/m²（单双面胶）2号铜版纸	0.072
	100g/m²（单双面胶）2号铜版纸	0.080
	120g/m²（单双面胶）2号铜版纸	0.096
	150g/m²（单双面胶）2号铜版纸	0.120

参考文献

[1] 维朗妮卡·琳（英）.书刊整体设计图典[M].上海：上海科学技术文献出版社.2007.

[2] 李永强.印后装订操作教程[M].北京：印刷工业出版社.2011.

[3] 沈国荣.印后书刊装订工艺[M].北京：印刷工业出版社.2012.

[4] 王淮珠.印后装订1000问[M].北京：化学工业出版社.2006.

[5]《现代书刊封面设计精选》编委会.现代书刊封面设计精选[M].北京：现代出版社.2005.

[6] 晨雪.封面配色设计[M].上海：上海科学技术文献出版社.2013.

[7] 吕敬人.书籍设计基础[M].北京：高等教育出版社.2012.

[8] 赵志强.印刷综合实训教程[M].北京：印刷工业出版社.2014.

[9] 叶云龙.平面设计与印刷实训[M].北京：中国水电力出版社.2014.

[10] 王尚文，柴承文.纸张印刷1000问[M].北京：印刷工业出版社.2006.

[11] 王爱红.书籍排版装帧技术实用教程[M].北京：北京师范大学出版社.2014.

[12]《工作过程导向新理念丛书》编委会.图文设计与排版[M].北京：清华大学出版社.2010.

[13] 刘全香.数字印刷技术及应用[M].北京：印刷工业出版社.2011.

后 记

　　人才是出版企业发展的核心竞争力，而人才的培养需要与实际相结合，这样培养的人才才能与企业乃至产业的发展相适应，理论与实践相结合，才能创造价值，出版人才的培养亦是如此。

　　谈到出版，人们认为编辑才是关键，其原因在于：出版业是内容产业，编辑的主要工作任务是根据市场需求（包括潜在的读者需求）策划选题，根据选题组织编著图书。出版单位对图书编辑的要求大都是：文字功底要好，有创新思维，接受事物快，对图书市场有良好的感知和把握能力，能熟练掌握电脑和网络，有一定的沟通能力，建立自己的人脉关系，懂得与作者沟通、与发行人员沟通、与媒体沟通。不可否认，以上这些都是做好图书编辑的基本要求。在新技术条件下，编辑要对图书内容进行加工，还要把加工好的内容产品变成可供读者阅读的图书，这就需要进行图书物态形式的设计与加工，懂得选择什么承印材料，知道纸张是怎么开的，如何拼版、印刷和装订，以及特殊工艺的注意事项，有成本意识，懂得如何控制成本等。因此，图书的物态设计与制作以及成本知识，对于编辑来说，同样非常重要。

　　编著此书的初衷，一是笔者在多年的教学实践中，结合图书出版实际情况，理论与实践相结合，通过教学，使学生们对所学的专业知识理解得更加透彻，参加工作后上手更快，教学效果显著，教学经验值得总结；二是编辑出版学专业学生的实训时间比较长，也需要一本能够指导实训工作开展的图书。基于此，在收集大量资料，征询多位专家意见的基础上编写这本书，以供编辑出版学专业教师、学生以及出版企业中从事技术编辑的人员参考。

全书共有四部分：

图书整体设计部分，主要内容有：图书整体设计、常见的图书开本及尺寸、正文设计与排版、封面与彩插的设计与制作。图书整体设计的核心是设计，而设计的核心是创意，创意则需要思考图书的形式意味、视觉想象、文化意蕴、材料工艺等，经过制作、印刷、印后加工等生产环节，并通过用纸张及各种装帧材料、印装工艺而物化成为具有物质形态的图书。此部分的编写目的是力图让学习者了解书刊整体设计的基本概念、主要作用、主要要求、目的和内容、图书开本的分类、彩色印刷品复制的简单原理；熟悉精装图书书壳开料尺寸计算、彩色打样和胶片验收基本方法；掌握图书的必备结构和可选用的部件、书脊厚度计算方法、图书排版设计、图书正文排版方法及应注意的问题、彩页版面的处理原则和基本方法等。

图书印装部分，主要内容有：胶印印版制作前工序、书刊印刷、书刊装订、常见印刷质量问题及原因、印后整饰、数字印刷与按需出版。印前制作、工艺流程的制定、材料选择、监督管理等因素，对图书质量的形成及成本影响很大。因此，在保证印前制作质量的前提下，根据图书印制的具体情况，制定合理的印刷和装订工艺，并根据不同类型图书的具体要求选择材料，以此保证图书制作质量，降低制作成本。基于此，这部分编写的目的让学习者了解印版晒制的基本原理和方法、印刷技术的分类、书刊装订的基本原理和基本方法、图书印刷品的质量争议及原因、印后加工的基本原理；熟悉拼版的基本原理、书刊印刷常用的印刷技术、精装图书的装订工艺、纸质图书印刷的质量要求、印后加工的基本方法；掌握折手和页码标注方法、彩色印刷品印刷色序的安排、平装图书的装订工艺与方法。

纸张与纸张用量计算部分，主要内容有：纸张、纸张的计量及换算、图书刊印用料计算。纸张费用在图书成本中所占的比重比较大，在图书出版中如何熟悉纸张、选择纸张、利用纸张等非常关键，正因为如此，这部分编写的目的在于让阅读此书者了解各种书刊印刷纸张的印刷适性、纸张的重量与令数的换算、精装图书装订部件的组成；熟悉纸张的规格及定量、印张的概念、精装图书装订用料的计算方法；掌握各种纸张的用途、书刊印刷纸张用量的计算、图书用料及加放的计算。

图书印制成本预算部分，主要内容有：印刷报价和印刷计价、纸款的计算、加工费用的计算、出版物成本、本量利分析。在市场经济条件下，相同质量的图书产品，成本越低，竞争力就越强，在其他条件相同的情况下，成本是企业经营的关键。此部分编写的目的是让阅读者了解图书出版成本，了解印刷报价与印刷计价的异同、图书印制各环节费用计算应考虑的因素、出版物全成本及构成、本量利分析的特点与作用；熟悉印刷品的价格构成、出版印张与装版印张、图书印制各环节费用计算的基本原理、图书出版中的直接成本项目、本量利分析的原则；掌握书刊印刷品总价款的计算方法、纸款的计算方法、图书印制各环节费用计算方法、出版物成本控制的方法、本量利分析的方法。

三联书店总编室主任曹永平参与了本书部分章节的补充、写作，北京印刷学院出版专业硕士生周葛参与了本书部分章节的写作并完成本书的编校、排版工作。中国新闻出版研究院印刷研究所研究员刘成芳、北京时代华文书局第五事业部总编辑林少波对书稿进行了详细的审阅，并提出了许多宝贵意见。人民教育出版社教材中心出版部主任郭绪、人民教育出版社教材中心出版设计科科长王喆为本书提供了大量的案例。北京印刷学院编辑出版学专业朱宇老师对本书的编写提出了有建设性的建议。北京印刷学院出版专业硕士生姜曼对本书的内容、编排等提出建议，柳亿达制作、整理了本书部分图片，在此对为本书编写提供帮助的专家、同事、朋友表示感谢！由于笔者的水平有限，对图书出版实际了解还不够深入，内容难免有不当之处，敬请读者惠正。

刘吉波
2014 年 9 月于北京

图书在版编目（CIP）数据

图书印制实训教程 / 刘吉波，曹永平，周葛编著． -- 北京：中国书籍出版社，2014.10
ISBN 978-7-5068-4482-6

Ⅰ．①图… Ⅱ．①刘… ②曹… ③周… Ⅲ．①图书－印刷－教材 Ⅳ．① TS891

中国版本图书馆 CIP 数据核字（2014）第 237500 号

图书印制实训教程
刘吉波　曹永平　周　葛　编著

策划编辑 / 庞　元
责任编辑 / 杨铠瑞
责任印制 / 孙马飞　马　芝
封面设计 / 王彦祥　吴凤鸣
出版发行 / 中国书籍出版社
地　　址 / 北京市丰台区三路居路 97 号（邮编：100073）
电　　话 /（010）52257143（总编室）　（010）52257153（发行部）
电子邮箱 / chinabp@vip.sina.com
经　　销 / 全国新华书店
印　　刷 / 世纪千禧印刷（北京）有限公司
开　　本 / 787 毫米 ×1092 毫米　1/16
印　　张 / 16.75
字　　数 / 220 千字
版　　次 / 2015 年 1 月第 1 版　2015 年 1 月第 1 次印刷
书　　号 / ISBN 978-7-5068-4482-6
定　　价 / 38.00 元

版权所有　翻印必究